Easy hobbies 23

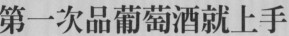

第一次品葡萄酒就上手

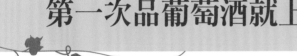

CONTENTS 目錄

第 *3* 篇　葡萄酒產地　86

CONTENTS 目錄

如何使用這本書

《第一次品葡萄酒就上手》這本書針對完全不懂葡萄酒的初學者製作。這本書共分為七篇章，對尚未全盤掌握「品葡萄酒」知識的初學者提出一個循序漸進、由淺入深的學習進程。

為了避免初學者陷入文字的迷障，喪失學習的興趣，本書特別設計簡明易懂的學習介面，運用大量的圖解輔助說明複雜的概念，避免詰屈聱牙的文字，透過本書，讓你可以「第一次品葡萄酒就上手」。

顏色識別

同一篇章以統一色標示，方便閱讀及查找。

大標

即該篇章內的各個學習主題，每一大標都揭示了一個必須了解的要點。

前言&內文

針對大標主題的重點，展開平易近人、易讀易懂的精要說明。

step by step

從學習者的認知、理解角度，以清晰明確的步驟解說、還原完整的學習流程。

葡萄酒品嚐什麼

如果只是咕嚕一口就把葡萄酒喝進肚子裡面去，那真的對不起辛苦的果農和釀酒廠，更對不自己辛苦賺來的銀子。只有細細品嚐才能體會葡萄酒的色、香、味的動人之處。例如酒的色澤、亮度可以告訴我們歲月的痕跡；香味可以令人聯想到各種愉悅的情境；而入口時，無論是酸、是甜、或是單寧的收斂，在口中都可以呈現出幽微多變的口感。

欣賞顏色

當我們吸飲一杯葡萄酒時，除了品嚐酒的味道、聞香氣之外，同時也欣賞酒的顏色。葡萄酒所透出的瑰麗色澤透露著許多意義，從葡萄生長的環境、品種、釀酒師的手法、存放的年代等，都可以透過酒色顯示出來。會影響葡萄色的原因有：

1 產地

通常寒冷緯度地區生產的葡萄酒，由於溫度低、陽光照射少，導致葡萄色素的形成較少，所以顏色較為清淡，低緯度炎熱地區的色澤較為飽滿厚重。

Step 1 認識葡萄品種

葡萄酒的風格和葡萄品種有很大的關係，每一種葡萄品種都有不同的特色，選定某葡萄品種開始認識，是一種很容易快速上手的方法。

建議

例如先由麗絲鈴（Riesling）開始認識起，可以品嚐清爽的不甜口味，逐漸到貴腐（Noble Rot）或是冰酒（Ice Wine）這類極甜的葡萄酒。不但可以享受同一種葡萄帶來的種種感官的驚喜，也可以了解葡萄採收時機對於葡萄酒影響。

Step 2 認識葡萄酒產區

每個地區或是國家都有不同的文化背景，對於葡萄酒的表現方式也會有不同的表現方式。由單一產區開始進入，可以了解當地的文化、法規，以及土地、天候對於葡萄酒的作用，從產區就可以初步了解葡萄酒所展現出來的風味為何。

16

篇名 ———

每一篇章為學習者待解的問題，一個篇章解決一個學習問題。

圖解

運用有意義、有邏輯可循的拆解式圖解輔助說明，將複雜的概念化繁為簡，讓讀者一目了然，迅速掌握核心概念。

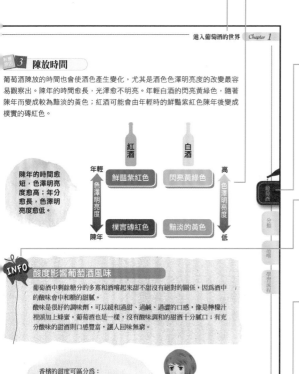

標籤索引

同篇章中所有大標均列示於此做成索引，讀者可從色塊標示得知目前所閱讀的主題。

info

內文無法詳細說明，但卻不可不知的重要資訊。

dr.easy

針對實務部分，以提供過來人的經驗訣竅和具體實用的建議。

進入葡萄酒的世界

哪些飲料可以稱為葡萄酒？只是由葡萄釀造的飲料怎麼能夠呈現千變萬化的風味？不同的酒色之間到底透露出什麼樣的線索？好喝的葡萄酒應該是什麼樣的滋味？要如何運用視覺、嗅覺、味覺來捕捉色、香、味的細微元素？

弄清楚這些問題，將讓你在葡萄酒的世界向前一大步。

本篇教你

- 什麼是葡萄酒
- 發酵的祕密
- 葡萄酒有哪些種類
- 如何品味葡萄酒

什麼是葡萄酒

葡萄酒是葡萄壓榨成汁後,經由發酵而形成的含酒精飲料。因此,認識釀造葡萄酒時所用的葡萄汁的作用和發酵過程的變化,就能協助我們更清楚了解什麼是葡萄酒與葡萄酒的種類。

以葡萄汁為基本原料

釀酒用的葡萄汁是釀造葡萄酒的基本原料,葡萄酒的顏色、香味、口感都源自於此,幾乎可以說葡萄汁的品質等於葡萄酒的品質。葡萄汁的影響如下:

1 果皮形成酒色

所有葡萄品種的果肉都是幾近透明、極為清淡的顏色,所以不論是綠色果皮或是紅黑色果皮的葡萄,壓榨出來的果汁顏色都非常地淺、淡。

紅葡萄酒所呈現的紅色、紫紅色,其實是發酵過程中,浸泡果皮所得到的豐富的色素。

2 葡萄汁的成分決定口感與香氣

葡萄汁中大約含有70%以上的水分,20%~24%的糖以及其他少量成分如蘋果酸、酒石酸、單寧、色素、甘油和蛋白質……等。其中,糖是水分之外含量最多的物質,在發酵的過程中會轉換成酒精和二氧化碳,無論是酒精或是二氧化碳都沒有任何味道和顏色。真正會影響葡萄酒的口感、香味、色澤的,其實與葡萄中的少量成分有更大的關係,例如蘋果酸、酒石酸等酸性物質,可以讓葡萄酒充滿新鮮的刺激和清爽的口感。

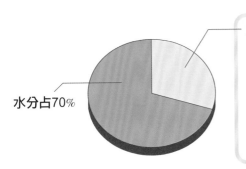

20%～24%

・**糖**
　➡ 發酵過程轉換成酒精和二氧化碳

・**其他少量成分**
（蘋果酸、酒石酸、單寧、
　色素、甘油、蛋白質……）
　➡ 影響葡萄酒口感、香味、色澤

水分占70%

 糖分促進發酵

糖是發酵過程最重要的物質，葡萄汁中若沒有足夠的糖分，無法經由發酵產
生足夠的酒精。酒精度過低的葡萄酒除了喝起來會過於乾澀乏力之外，也降
低陳年的潛力。因此釀造葡萄酒時必須確保有足夠的糖分參與發酵。

為什麼葡萄汁要加糖？

當葡萄汁所含的醣類不足時，有時候會以人為的方式添加糖分參與發
酵。加糖參與發酵在法國很常見，特別是位於較北邊的產區，當採收年
分不佳，葡萄含糖量不足時，會添加糖分發酵，得到足夠的酒精。但是
以葡萄成熟度（成熟度愈高，相對天然含糖分量愈高）來區分等級的德
國、奧地利，加了糖的葡萄汁只能釀造等級較低的葡萄酒。氣候溫暖的
義大利則是禁止加糖的釀造方法。

Blanc de blancs和Blanc de Noris的意義

葡萄汁是清澈幾乎沒有顏色的，所以紅葡萄也可以釀造白葡萄酒。法文
常會用Blanc de blancs（白之白，意指以白葡萄釀造出的白酒）；或
是Blanc de Noris（紅之白，指由紅葡萄釀出的白酒）來表示，這些文
字在法國的汽泡酒標籤中經常可以看到。

各國對葡萄酒的說法

Vin	法文	Vino	義大利文
Vinho	葡萄牙文	Wein	德文
Vino	西班牙文	Wine	英文

葡萄酒

分類

品嚐

學習流程

經過發酵釀製而成

發酵是釀造葡萄酒時的重要步驟。發酵是酵母菌利用體內的酵素將糖分分解成為酒精和二氧化碳的過程。酵母菌得到生存所需要的養分，我們則得到了葡萄酒。發酵除了將糖分轉化成酒精之外，同時間也會產生讓葡萄酒口感更為滑潤的甘油，和充滿香氣的酯。發酵過程的重要作用如下：

產生酒精和二氧化碳

在糖類轉化成酒精的發酵過程裡，會產生酒精和二氧化碳，當發酵不斷地進行，隨著糖分的減少，酒精濃度將會愈來愈高。當酒精度達到約18°C以上，酵母菌也無法繼續生存，這時候無論是否還有糖分剩餘下來，發酵的過程都會被終止。在這個發酵的過程中，除了糖分發酵成為酒精而形成葡萄酒之外，剩餘糖分的多寡將會決定一瓶葡萄酒甜的程度。

葡萄汁 → 添加酵母菌 → 酵母菌使葡萄汁中的糖分分解 → 酒精＋二氧化碳 ↑ / 糖分（發酵後殘餘）↓

發酵終止影響風味

在自然的狀況之下，發酵終止的原因有：（1）糖分因發酵用盡；（2）酒精濃度過高，導致酵母菌死亡。在釀酒過程中，為了保留糖分、發展特殊風味所以會以人為的方式終止發酵。例如，添加白蘭地之類的烈酒來提高酒精濃度，讓酵母菌死亡，保留酒液中未被發酵完的糖分，使得釀得的酒帶有更強勁的口感或是帶有甜味，這就是所謂的強化酒（Fortified wine），像是西班牙著名的雪莉酒（Sherry）就是使用這樣的方法釀造。

二氧化碳形成汽泡

在發酵的過程中，讓二氧化碳很自然地飄散到空氣中，可以釀造出不含汽泡的靜態酒（Still Wine）。

也可以用人為的方法將二氧化碳保存下來並且溶解在酒液中，便形成所謂的汽泡酒（Sparkling Wine），其中最知名的就是法國香檳區所生產的香檳（Champagne）。

葡萄酒的分類

葡萄酒的類型非常多，為了快速掌握葡萄酒的特性，將葡萄酒分門別類可以協助學習和記憶。最常見的分類方法是依據釀製的方式來區分，也有人以釀造的品種或是品質來歸納。或許你也有自己的分類方式，例如：甜或不甜。

 ## 依釀造方式分類

葡萄酒依據釀造的方式，可分為靜態酒（Still Wine）、汽泡酒（Sparkling Wine）和強化酒（Fortified wine）三種。若是將發酵過程中所產生的二氧化碳保留在酒液中，這一類的酒被稱為汽泡酒。相對於汽泡酒內不斷騷動的汽泡，常見的紅、白酒、玫瑰紅酒因為不含有二氧化碳而被稱為靜態酒。強化酒則是在釀造過程中添加了烈酒，強化酒精含量。

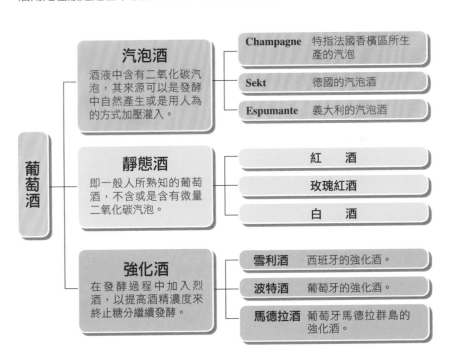

葡萄酒

汽泡酒
酒液中含有二氧化碳汽泡，其來源可以是發酵中自然產生或是用人為的方式加壓灌入。

- **Champagne** 特指法國香檳區所生產的汽泡
- **Sekt** 德國的汽泡酒
- **Espumante** 義大利的汽泡酒

靜態酒
即一般人所熟知的葡萄酒，不含或是含有微量二氧化碳汽泡。

- 紅　酒
- 玫瑰紅酒
- 白　酒

強化酒
在發酵過程中加入烈酒，以提高酒精濃度來終止糖分繼續發酵。

- **雪利酒** 西班牙的強化酒。
- **波特酒** 葡萄牙的強化酒。
- **馬德拉酒** 葡萄牙馬德拉群島的強化酒。

依使用品種分類

葡萄品種是影響葡萄酒風格的最基本要素，釀酒時一般有單一品種和混合品種的釀造方式。單一品種裡的有些品種本身即有相當大的潛力，可展現完整豐富的風味。這類型的酒我們可以品嚐釀酒師在不同的變數之下，例如不同的採收年份、不同的果實成熟階段……，如何詮釋品種特性的功力。混合品種的葡萄可能具備某幾種特點，例如：香氣突出、酸味不足……，考驗釀酒師對品種的另一種掌握能力，也就是如何採用不同品種的特點，截長補短，創造出更多層次的合諧。

 使用單一品種

在酒標上面可見的一種葡萄品種名稱均為單一葡萄品種，表示瓶中的葡萄酒幾乎都是釀自於標籤上的葡萄品種，使用單一葡萄品種釀造出的酒最能充分展現出該品種的特色。

像是麗絲鈴（Riesling）葡萄酒中很容易品嚐到充滿活的酸味和特殊的礦石揮發性香味；或是格烏茲塔明那（Gewürztraminer）具有的濃濃玫瑰花香和熱帶水果的風味。

在德國、法國阿爾薩斯地區的傳統釀酒文化，或是美國、澳洲、紐西蘭強調品種特色的新世界地區經常可以找到這種單一品種的葡萄酒。

 使用混合品種

有些葡萄品種相互混合後一起釀造，可以讓風味更加美味動人，像是紅酒中的卡本內‧蘇維儂（Cabernet Sauvignon）風味強烈厚重，通常搭配柔軟果香的梅洛（Merlot）一起釀造；或是白酒的白蘇維儂（Sauvignon Blanc）可以彌補榭密雍（Sèmillon）酸度的不足，而榭密雍也同時平衡了白蘇維儂過度濃郁的氣味。

著名的法國波爾多地區自古以來非常擅長調和不同品種達到均衡、優雅的風味而聞名。混合品種釀造的葡萄酒，酒標上通常不會標示出所使用的葡萄品種名稱。

依品質分類

在擁有悠久釀酒歷史的歐洲，產酒國家幾乎都有政府為品質把關，在酒的標籤上可以找到政府為葡萄酒的分級字樣。根據這些分級制度，很容易判斷出酒的品質和特性。

新興的產酒國各家酒廠有自己的區分方式，像是加州的Robert Mondavi酒廠會在最好的酒的酒標上面印上典藏級「Reserves」字樣。

佐餐酒

是指適合用來搭配餐點的酒。這一類的酒通常不適合久藏，應該趁新鮮的時候喝掉，價格不貴，也很容易入口。由於缺乏吸引人的強烈個性，可以說是一般的日常飲料。例如：德國的Tafelwein等級，或是法國的Vin de Pays等級。

優質酒

這一類型的酒可能需要更長的時間來成熟，價格也比較高，並且強調明顯、特殊的風味。相對於佐餐酒，無論是在葡萄品種、葡萄的品質、種植區域或是釀酒方式都有較嚴密的規定，藉此來控制品質。例如：德國的QbA等級、義大利的DOCG等級，或是法國的AOC等級。

INFO 各國對汽泡酒的說法

vin mousseux	法文
espumante	葡萄牙文
espumosa	西班牙文
spumante	義大利文
sekt	德文
sparkling wine	英文

葡萄酒

分類

品嚐

學習流程

葡萄酒品嚐什麼

如果只是咕嚕一口就把葡萄酒喝進肚子裡面去，那真的對不起辛苦的果農和釀酒廠，更對不自己辛苦賺來的銀子。只有細細品嚐才能體會葡萄酒的色、香、味的動人之處。例如酒的色澤、亮度可以告訴我們歲月的痕跡；香味可以令人聯想到各種愉悅的情境；而入口時，無論是酸、是甜、或是單寧的收斂，在口中都可以呈現出幽微多變的口感。

 ## 欣賞顏色

當我們啜飲一杯葡萄酒時，除了品嚐酒的味道、聞香氣之外，同時也欣賞著酒的顏色。葡萄酒所透出的瑰麗色澤透露著許多意義，從葡萄生長的環境、品種、釀酒師的手法、存放的年代等，都可以透過酒色顯示出來。會影響葡萄酒色的原因有：

 ### 產地

通常寒冷緯度地區生產的葡萄酒，由於溫度低、陽光照射少，導致葡萄色素的形成較少，所以顏色較為清淡，低緯度炎熱地區的色澤較為飽滿厚重。

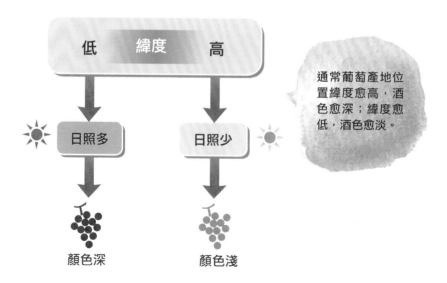

通常葡萄產地位置緯度愈高，酒色愈深；緯度愈低，酒色愈淡。

2 品種

不同品種的葡萄之間產生的酒色也會不同，例如白酒中的麗絲鈴（Riesling）通常是透明的極淺綠色、格烏茲塔明那（Gewürztraminer）會帶點不易察覺的粉紅。紅酒中的希哈（Syrah）是豔麗的黑紫色、加美（Gamay）卻是明亮的紫紅色。

白酒葡萄品種	常見酒色特徵	紅酒葡萄品種	常見酒色特徵
麗絲鈴 Riesling	淡綠	希哈 Syrah	黑紫色
格烏塔明那 Gewürztranuber	淡粉紅	加美 Gamay	紫紅色、紫藍色
維歐尼爾 Viognier	金黃色	卡本內‧蘇維儂 Cabernet Sauvignon	深紫色
灰皮諾 Pinot Gris	金黃色中微帶粉紅	金芬黛 Zinfandel	淺紅色

3 陳放時間

葡萄酒陳放的時間也會使酒色產生變化，尤其是酒色色澤明亮度的改變最容易觀察出。陳年的時間愈長，光澤愈不明亮。年輕白酒的閃亮黃綠色，隨著陳年而變成較為黯淡的黃色；紅酒可能會由年輕時的鮮豔紫紅色陳年後變成樸實的磚紅色。

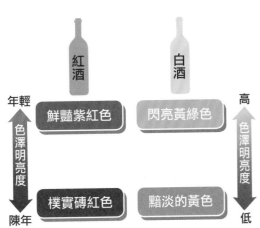

陳年的時間愈短，色澤明亮度愈高；年分愈長，色澤明亮度愈低。

釀酒的過程中，經常會利用橡木桶豐富的單寧和複雜的香氣，增添葡萄酒的風味。橡木桶具有透氣的功能，葡萄酒在經過橡木桶釀造的過程會受到空氣中氧氣的影響，讓色澤較為黯淡，或是吸收了橡木桶的色素，讓顏色較為濃重。因此經由不鏽鋼桶或是橡木桶釀製會產生顏色的差異，這一點在色素較少的白酒中相對原本顏色飽滿的紅酒更容易觀察出來。例如不鏽鋼桶釀製的夏多內（Chardonnay）是淺淺的黃綠色，而吸收了橡木桶色澤釀製的夏多內呈現出較為厚實的明黃色。

經由橡木桶釀製的紅葡萄酒中的紅色素因為氧化喪失，變得較淡，偏向橘紅。像是不經過橡木桶的薄酒萊產區紅酒呈現鮮豔的紫紅色。

白酒 ┌ **橡木桶** ➡ 氧化、並吸收橡木桶的色素 ➡ **黃色、明黃色**
　　　 └ **不鏽鋼桶** ➡ 與空氣接觸較少、較少氧化 ➡ **保持葡萄汁淺黃、淺綠的顏色**

紅酒 ┌ **橡木桶** ➡ 氧化、色素顏色變淺 ➡ **轉向於略帶磚紅色**
　　　 └ **不鏽鋼桶** ➡ 與空氣接觸較少、較少氧化 ➡ **保持來自葡萄皮的鮮艷紫紅色**

享受香氣

香氣可能是葡萄酒最令人迷醉的關鍵，為何會形成如此多樣的氣味，目前的科學研究還無法完全理解。但是和生長環境的土壤、氣候以及葡萄品種、釀造方式有很大的關連性。

影響原因 **1** 土壤

土壤遠比葡萄種類複雜許多，據說在德國境內就可以區分出一千多種不同類型的土壤。在如此複雜的變數之下，很難用科學的方法證明土壤類型與葡萄酒香味之間有直接且絕對的對應關係。

不過，葡萄生長的土壤似乎和葡萄酒的香味有某種關連性。通常在黃土、黏土生長的葡萄酒氣味豐富外放、頁岩地區的葡萄酒纖細雅致、而火山岩地區則是香味濃郁。

黃土、黏土
氣味
豐富外放

頁岩
氣味
纖細雅緻

火山岩
氣味
香味濃郁

氣候

相較於土壤的多變、不確定，氣候的影響是明顯容易辨別的。通常涼爽的高緯度地區所生產的葡萄酒，香氣細緻優雅、層次曲折誘人；低緯度炎熱的地區，香味較為濃烈、明顯。

| 涼爽高緯度區 | 天氣涼爽 ➡ 香氣細緻優雅、層次曲折誘人 |
| 炎熱低緯度區 | 天氣炎熱 ➡ 香味濃烈、明顯 |

品種

每一種葡萄品種都有自己特殊的香味，可以很容易地辨認出來。像是格烏茲塔明那（Gewürztraminer）經常表現出玫瑰、荔枝的甜蜜以及香料的辛辣；黑皮諾（Pinot Noir）可以發現櫻桃、草莓、梅子或是麝香的氣息。

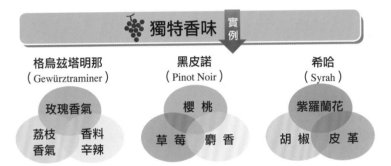

獨特香味 實例

| 格烏茲塔明那
（Gewürztraminer） | 黑皮諾
（Pinot Noir） | 希哈
（Syrah） |
| 玫瑰香氣　荔枝香氣　香料辛辣 | 櫻桃　草莓　麝香 | 紫羅蘭花　胡椒　皮革 |

釀造方式

釀造的方式與香氣的表現有很直接的關係，例如橡木桶的使用，不但提供橡木桶的氣味與單寧，更可以讓葡萄酒有更多元的香味表現，像是同樣是夏多內（Chardonnay）使用不鏽鋼桶發酵可以呈現青蘋果、蜜桃等水果的清爽芳香；而使用橡木桶陳年的夏多內則表現出太妃糖、奶油、香草般軟溜溜的香味。

橡木桶

太妃糖、奶油、香草等更多元的香氣表現

不鏽鋼桶

青蘋果、水蜜桃等，果香為主的香氣表現

葡萄酒　分類　品嚐　學習流程

人類的舌頭可以感受到酸、甜、苦、鹹四種味道。澀和辣其實是屬於觸覺感官，而不是味覺，但是觸覺還是會影響味覺的整體感受。影響葡萄酒風味的因素可分為：

甜 產生滑順濕潤的口感

酸 新鮮跳躍的活力感

澀 由單寧酸引發澀的口感

酒精濃度 帶出香味使口感更豐潤

其他物質 影響葡萄酒口感及香味

甜

甜味主要是來自於葡萄汁中未發酵完的剩餘糖分，無論是來自於天然或是人工添加，糖除了甜味之外，還會產生滑順濕潤的口感。

每個國家飲酒的習慣不盡相同，對於甜味的要求也不一樣。德國酒生產的葡萄酒甜度通常會比較高，而法國，即使是使用同樣的葡萄品種和類似分級制度的阿爾薩斯產區，葡萄酒則通常甜味較為不明顯。

酸

美好的酸味可以讓葡萄酒喝起來有一種新鮮跳躍的活力感，通常可以在年輕的酒中輕易感受到。另外有一種不良口感的酸味，是不適當氧化的葡萄酒會產生醋酸一般的燒灼性酸味。

澀

葡萄酒的澀味和紅茶一樣是來自於單寧酸，年輕的單寧比較尖銳，容易有「咬舌」的感覺。陳年之後的單寧會漸漸馴化，柔軟而平衡。

酒精濃度

酒精本身除了辛辣的觸覺刺激外，並沒有特殊的味道。但是酒精的揮發性可帶出香味，因此酒精度高的酒通常香氣撲鼻。另外酒精本身也可以讓葡萄酒的口感更為溫潤豐富。

其他物質

葡萄酒除了水和酒精之外，已經分析出將近400種物質。這些物質和葡萄酒的口感、香味或多或少都有一些影響。像是少量的甘油可以讓葡萄酒產生滑潤豐厚的口感。

品嚐葡萄酒不需要知道其中每一項細微的元素，然而無論是甜、酸、澀、酒精度是否會太突出，破壞整體的平衡，都是品嘗的注意重點。像是過高的酒精產生灼熱的口感，破壞了細緻優雅；或是過高的甜味卻沒有適當的酸味平衡而感生的黏膩感。

葡萄酒

分類

品嚐

學習流程

香味的長度

在喝下葡萄酒之後，酒的香味可以延續在口中持續感受。這香味持續的長短是許多品酒師評斷酒的好壞依據之一。陳年的酒，特別是強化酒，香味的延續長性十分長。這也是陳年老酒迷人的地方。

酸度影響葡萄酒風味

葡萄酒中剩餘糖分的多寡和酒嚐起來甜不甜沒有絕對的關係，因為酒中的酸味會中和糖的甜膩。

酸味是很好的調味劑，可以緩和過甜、過鹹、過澀的口感，像是檸檬汁裡頭加上蜂蜜。葡萄酒也是一樣，沒有酸味調和的甜酒十分膩口；有充分酸味的甜酒則口感豐富，讓人回味無窮。

如何第一次品嚐葡萄酒就上手

風味多變是吸引人沈浸於葡萄酒世界的最主要原因。葡萄酒可以讓人聯想到豐富、多層次的感受，如以優雅百變見長的麗絲鈴品種所釀出的葡萄酒，在同一種的葡萄品種中就可品嚐出檸檬、青蘋果的爽朗；水梨、蜜桃的細緻；礦石的冷冽和蜂蜜的甜美……等。而許多菜餚會因為葡萄酒的搭配更為出色，如法國夏布利（Chablis）白酒與生蠔的搭配，可以引出生蠔的鮮味，並使葡萄酒更豐滿迷人。葡萄酒所以能夠有諸多不同的表現，關係著產區天候、土壤，乃至於文化特徵以及釀酒師的創意……等要素，使得葡萄酒不僅讓人獲取了感官愉悅，也進而提升至心靈上的享受。

學會品嚐葡萄酒step by step

葡萄品種和產地與葡萄酒的風味息息相關，可以説是最需要了解，也最容易掌握的知識。因此建議品嚐葡萄酒先由品種和產區開始。

Step 1 認識葡萄品種

葡萄酒的風格和葡萄品種有很大的關係，每一種葡萄品種都有不同的特色，選定某葡萄品種開始認識，是一種很容易快速上手的方法。

建議

例如先由麗絲鈴（Riesling）開始認識起，可以品嚐清爽的不甜口味，逐漸到貴腐（Noble Rot）或是冰酒（Ice Wine）這類極甜的葡萄酒。不但可以享受同一種葡萄帶來的種種感官的驚喜，也可以了解葡萄採收時機對於葡萄酒影響。

Step 2 認識葡萄酒產區

每個地區或是國家都有不同的文化背景，對於葡萄酒的表現方式也會有不同的表現方式。由單一產區開始進入，可以了解當地的文化、法規，以及土地、天候對於葡萄酒的作用，從產區就可以初步了解葡萄酒所展現出來的風味為何。

建議

例如先研究德國摩賽爾‧薩爾‧魯爾（Mosel-Saar-Ruwer）地區開始，接著研究德國萊茵河地區，以及和德國有深厚文化淵源的法國阿爾薩斯（Alsace）地區，再逐漸研究同樣屬於涼爽高緯度的美國奧勒岡州或是紐西蘭。

Step 3 購買葡萄酒

如何挑選、購買合宜的葡萄酒絕對需要事先做功課，從賣場、品種、年分、預算等因素考量，才能選對適合自己的葡萄酒。

建議 > 目前網路上有許多資訊，例如有大賣場葡萄酒評比和食物的搭配建議。也有價格和價值之間的看法⋯⋯。這些都可以列為參考資料，可以多看幾個網站和部落格，記得喝完後做個記錄，可以很快地累積功力。

Step 4 掌握品嚐竅門

葡萄酒是品嘗色、香、味。其中香、味兩者大多來自於酒中揮發性物質，和溫度變化有很大的關聯性，顏色部分則和使用的容器有很大的關係。因此，品嚐葡萄酒一定要在適當的溫度和選對正確的酒杯，才能充分享受葡萄酒帶來的感官享受。

建議 > 溫度是品酒時最直接影響酒的表現重要因素，紅酒的適飲溫度大約在12~18°C，白酒大約在5~1°C之間。在適當的飲酒溫度下，酒的口感和香氣才有機會充分表現。

飲酒的玻璃杯必須是透明無刻花，這樣才不會因為容器本身的顏色、或是刻花的折射影響原本的酒色，最適合觀察使用。

再來輕輕旋晃杯子，讓酒在杯中轉動與空氣混合，香味可以更容易散發出來，感受不同層次的香味。

最後，溫柔大口的喝，讓酒覆蓋整個舌頭，並在口腔稍為停留，讓舌頭的味蕾有機會收集完整的滋味，再緩慢的嚥下。

Step 5 學會與食物搭配

許多專家都以「婚姻」來形容食物與葡萄酒的關係，是說如果搭配對了，可以讓味覺有更上一層樓的感動。初學者可以先記住「紅酒搭配紅肉，白酒搭配白肉」的口訣去嚐試，接下來再學著了解單寧、酸、甜、香氣與食物之間的味覺共鳴，很快地可以了解葡萄酒與食物的美味關係。

葡萄酒

分類

品嚐

學習流程

認識葡萄與釀造方式

一瓶葡萄酒的氣味和口感，與葡萄的品種、葡萄的生長環境如陽光、水、土壤、採收時機、以及釀造方法有很大的關係。了解這些資訊可以幫助我們在購買葡萄酒時更容易選出自己喜歡的風味。

本篇教你

- 葡萄果實與葡萄酒味道的關係
- 葡萄品種決定葡萄酒的特性
- 重要的葡萄品種
- 葡萄生長環境
- 葡萄酒的釀造過程

葡萄的作用

葡萄果實的每個部位，無論是果皮、果肉、種子、梗都會在釀酒的過程中對風味產生決定性的影響，不但決定了葡萄酒的氣味和口感，也決定了陳年的潛力與價值。

葡萄各部位對葡萄酒的影響

以下就葡萄的果皮、果肉、種子、梗等部位分別說明：

① 梗

梗

果皮

果肉　種子

🍷 **主要內含物**
葡萄梗通常含有大量的單寧，除了量多之外，梗所含的單寧口感較為粗糙。

🍷 **對酒味的影響**
含有大量粗糙單寧的葡萄酒，將導致過分收斂的乾澀感，讓舌頭有苦、澀等不舒服的感覺。

🍷 **釀造時的處理**
在釀造大部分的紅酒時，去梗步驟不可省略，可避免酒中含有過多的單寧。
白葡萄則因為果皮中的單寧較少，則視情況決定是否去梗。例如麗絲鈴（Riesling）葡萄可以不去梗，因為梗的木質化十分徹底，只能釋放出極微量的單寧。

② 果皮

🍷 **主要內含物**
果皮只占整顆葡萄約10%的重量，或是更少的比例。但是含有細緻的單寧和芳香物質，是葡萄酒香味和口感結構的主要來源。

🍷 **對酒味的影響**
相較於梗和種子，葡萄皮所含單寧十分細緻，提供較為柔軟的澀味，是支撐葡萄酒口感的架構，讓酒的口感有厚實的感受。
而酚類等芳香物質主要存在葡萄皮的下方，透過發酵的轉變，提供葡萄酒豐富而美妙的氣味。

🍷 釀造時的處理
當葡萄皮浸泡在葡萄汁中一起發酵，浸泡的時間愈長，單寧和芳香物質釋放愈多，酒的澀味和香味就更為濃厚。若是紅葡萄，色澤也會較為深重，形成大眾熟悉的紅酒色澤。

③ 果肉

🍷 主要內含物
果肉主要是提供水、糖、有機酸和各種礦物質，也就是葡萄汁。其中糖分是發酵轉化成酒精的物質。

🍷 對酒味的影響
果汁中糖分的多寡會影響酒精的濃度和酒的甜度。酸味是甜、澀口感之外另一個主要的味覺，讓品嚐的感受充滿新鮮、靈動的刺激，也是影響陳年的關鍵因素。而不同的礦物質成分可以組合出更多元的香味和口感的變化。

🍷 釀造時的處理
通常釀造高級的葡萄酒時，葡萄只壓榨一次來獲取葡萄汁，避免過度萃取產生不好的味道。但是珍貴的冰酒或是貴腐酒就必須小心翼翼地再壓榨一次，獲取每一滴珍貴的果汁。如果是廉價的葡萄酒則會壓榨第二次獲得更多果汁，達到更高的產量。

④ 種子

🍷 主要內含物
葡萄的種子含有油脂和單寧。如同梗，葡萄子的單寧也十分地粗糙。

🍷 對酒味的影響
葡萄子中的油脂和和單寧會帶來不好的苦味和澀味，因此釀酒時不會從中獲取內容物。

🍷 釀造時的處理
為了防止種子釋放出油脂和單寧，榨汁時必須避免過大的壓力弄破種子。釀酒留下的種子則送到煉油廠，製造優良的食用油和和按摩油。

作用

品種

紅葡萄品種

白葡萄品種

生長條件

釀造

認識葡萄品種的分布

葡萄酒的特性決定於葡萄的品種，儘管不同產地的氣候、土壤和釀酒技術會改變葡萄酒的風味，但是相同的葡萄品種依然會保留它共有的個性。

以下為葡萄品種的分布，從傳統的歐洲產區到新興產區都有紅、白葡萄分布。

歐洲地區紅、白酒葡萄的分布

釀酒葡萄在溫帶地區表現較好，所以產酒的區域都在溫帶氣候的南、北緯度30~50度之間。

紅葡萄生長的環境相較於白葡萄品種需要較高的溫度，所以歐陸南方的義大利、西班牙、法國隆河等地方，紅葡萄酒的產量比較高，而歐陸北方的產地，例如德國、奧地利、法國阿爾薩斯大都是種植白葡萄。

歐洲產地

德國、奧地利、法國阿爾薩斯
歐陸北方德國、奧地利、法國阿爾薩斯等地大多以生產白葡萄酒為主。

德國

法國

義大利

西班牙

葡萄有其生長所需的條件，因此主要的產酒國都位於北緯度30~50度之間。

義大利、西班牙、法國隆河
歐陸南方的義大利、西班牙、法國隆河等地方則以生產紅葡萄酒為主。

新興產地的葡萄分布

當年飄洋過海的新移民，帶著家鄉的葡萄苗和技術來到新大陸，經過數百年的嘗試，各自尋找出適合當地土壤氣候的葡萄品種。

美洲產地

北部沿岸
北美洲的主要產地在於太平洋沿岸地區，以加州最為重要，此外奧勒岡州、華盛頓州的葡萄酒也受到世人重視。

加拿大

美國

紐約州
除了太平洋沿岸外，紐約州也有葡萄酒生產。葡萄品種為美洲當地原生種或是與歐洲雜交的品種。

智利
南美洲的智利以外銷為導向，種植的葡萄都是國際化的品種。

阿根廷
阿根廷是南美葡萄酒產量最多的國家，品質也很受到肯定。

澳洲與紐西蘭產地

南非產地

紐西蘭
緯度高的紐西蘭，大致來說白酒的表現較為傑出。

澳洲

紐西蘭

由於氣候的限制，澳洲葡萄酒主要在東南和西南兩個角落。

南非
南非是非洲主要的葡萄酒生產國，集中在西南角落位置。

紅葡萄品種

紅葡萄的果皮通常含有大量的色素、芳香物質和單寧，即使色澤和風味都淺淡的黑皮諾，與白葡萄比較，還是含有較多的單寧，所以相對於白葡萄酒，通常有較明顯的澀味，也較能夠久藏。葡萄皮所釋放到酒中的芳香物質，也容易讓紅酒的風味更為濃厚、更富有變化。

常見的紅葡萄酒品種

1 卡本內 · 蘇維儂
Cabernet Sauvignon

2 黑皮諾 Pinot Noir

3 梅洛 Merlot

4 希哈 Syrah

5 內比歐露 Nebbiolo

卡本內·蘇維儂
Cabernet Sauvignon

當今酒壇最偉大的紅葡萄品種

原產自法國波爾多，枝蔓強壯，適應力強。除了在歐洲各國廣泛種植外，新世界的加州、智利、澳洲、紐西蘭、南非等葡萄產區都廣泛栽植。

卡本內·蘇維儂果實顆粒小，色澤呈現藍黑色，果皮相當厚，採收時不容易破裂，適合機械採收，許多產區經常使用機器收成。

厚實的果皮除了採收便利外，還含有豐富的芳芬物質和單寧，造成厚實的芳香和耐久藏的特性。上好的卡本內·蘇維儂紅酒可以經過數十年以上的陳年，是世界上最優秀的紅葡萄品種之一。

成品的表現

項目	說明	表現
酒色	呈現深沉的紫紅色。	★★★☆☆～★★★★★
酸度	酸味上的表現沒有特別強烈。	★☆☆☆☆～★★☆☆☆
單寧	豐富的單寧，需要久藏來達到成熟、適飲階段。	★★★★☆～★★★★★
香氣	漿果香味豐富，陳年變化更豐富。	★★★☆☆～★★★★★
口感	口感厚實和綿密的餘韻。	★★★★☆～★★★★★

認識卡本內·蘇維儂

1 品種特性

卡本內·蘇維儂是相對晚收成的品種，果實需要較多的時間成熟。

成熟度適當時

在成熟度適當時，卡本內·蘇維儂洋溢類似漿果的香氣，或是陳年之後帶有深厚的木香調。

無法充分成熟時

當果實無法充分成熟時，特別是在較高緯度、氣溫較低的產酒區，可能會產生令人不愉悅的青椒、蘆筍等青澀味道。

果實顆粒小、皮厚、含豐富單寧

2 使用方式

單獨採用

在新世界地區可以發現許多單獨採用卡本內‧蘇維儂釀造的厚實紅酒。

混和使用

- 澳洲除了單獨使用外，也經常與希哈（Syrh）混合使用，兩種渾厚的品種提供雄勁的口感和辛香的風味。
- 在原產地波爾多通常會與溫柔的梅洛（Merlot）、卡本內‧佛郎（Cabernet Franc）、小維多（Petit Verdot），甚至於馬爾貝克（Malbec）等品種混合釀造，讓口感更為圓潤，並形成更豐富多層次的風味。

3 風味特性

- 卡本內‧蘇維儂厚厚的果皮擁有的豐富單寧，造就出厚實的主要風格，並且呈現顯著的漿果香、木質香和深厚的餘韻。藍黑色的果皮也提供豐富的色素，酒色表現出濃厚的深紫紅色。
- 卡本內‧蘇維儂非常適合在橡木桶中培養，經此程序，木香的特質更明顯，經常帶有煙燻、雪茄、雪松等較為深層的風格。
- 在原產地波爾多，常與梅洛和卡本內‧佛郎合作，或再加一些小維多。這類單寧含量較少、較為圓潤的品種，可以協調卡本內‧蘇維儂強勁雄厚的個性，給予較明亮的色澤和更圓滑的口感，果香的風格也更明顯。

4 主要分布地點

在歐洲除了波爾多之外，法國南部、義大利、東歐、西班牙、葡萄牙也均種植。新大陸的美國加州、澳洲、紐西蘭、智利都有廣大的葡萄園。

5 主要產地的風味差異

原產地表現

波爾多是卡本內‧蘇維儂最北方的產區，通常表現出較為嚴謹、內斂的細緻風格，香味上主要呈現出和諧的果香為主。

其他地區表現

加州和澳洲這類較溫暖的地區，卡本內‧蘇維儂呈現出厚實、直接的熱情表現。香味表現出較為豐腴華麗的果香、菸草，有時會伴有尤加利或是薄荷的清爽氣息。

Cabernet Sauvignon
卡本內·蘇維儂酒款介紹

Château Latour

產區　法國波爾多的梅多克（Médoc）產區
波雅克村（Pauillac）

風格／特色

小小的波雅克村（Pauillac）擁有五大酒莊中的三家，其中拉圖堡（Château Latour）是五大酒莊中最為雄勁的酒款。含有高比例的卡本內·蘇維儂（約80％），散發出黑醋栗、小紅莓、黑櫻桃、杉木、菸草、月桂葉等豐厚香味，口感厚實卻十分細膩，陳年的潛力驚人。

Merryvale Cabernet Sauvignon Rutherford Beckstoffer Vineyards Clone Six 2001

產區　美國加州納帕谷（Napa vally）

風格／特色

美莉（Merryvale）酒廠Beckstoffer葡萄園的克隆6（Clone Six）頂級旗艦酒以100％卡本內·蘇維儂釀造出渾厚扎實、色澤深厚的強勁紅酒；濃厚的黑櫻桃、桑葚果香、帶出香草的氣息，相當具有納帕谷奔放的特色。

Viña Almaviva Puente Alto

產區　智利中央谷地（Central Valley）

風格／特色

智利孔雀酒莊（Concha y Toro）酒莊與法國五大酒莊之一的Mouton Rothschild跨海合作，以來自Paente Alto產區70％以上的卡本內·蘇維儂釀製，搭配智利最具特色的葡萄品種卡門內里（Carmenere）。酒名以莫札特費加洛婚禮主角姓氏阿瑪維瓦（Almaviva）來命名。口感均衡優雅，經常表現出花香、紅色漿果、薄荷等細緻而集中的香味。被許多酒友冠上智利酒王的封號。

黑皮諾 Pinot Noir

細緻、敏感的紅葡萄酒

黑皮諾雖然與卡本內‧蘇維儂並稱當今最優良的紅葡萄品種，但是皮薄、色淺的黑皮諾所表現出的葡萄酒美學完全不同。沒有豐富單寧的支撐，黑皮諾以優雅、細緻、均勻、滑順等特質來展現不同的風情。

對於生長環境要求十分嚴苛，適合較涼爽的氣候和貧瘠的石灰質土地。產量低、果實小；果皮薄，收成時容易破裂而影響釀造表現，因此不適合機器採收；加上釀酒的困難度高，稍有失誤，容易喪失細緻感和香味，因此種植的普遍性遠不如卡本內‧蘇維儂。

成品的表現

項目	說明	表現
酒色	呈現明亮清澈的櫻桃紅、寶石紅。	★★☆☆☆～★★★☆☆
酸度	酸味豐富，是表現的重點。	★★★☆☆～★★★★★☆
單寧	單寧柔順，成熟較快。	★★☆☆☆～★★★☆☆
香氣	氣味不特別強烈，但是極為優雅迷人。	★★☆☆☆～★★★☆☆
口感	口感清淡、平衡、優雅。	★★☆☆☆～★★★☆☆

認識黑皮諾

 品種特性

黑皮諾的皮相當薄，在紅葡萄品種中單寧含量相對少，需要酸味來表現細膩口感，因此採收時機格外重要。在難得的黑皮諾佳釀中，會表現出無與倫比的豐富口感和優雅的香味，即使是當今酒壇霸主卡本內‧蘇維儂也要相形失色。

皮薄、酸味豐富

果實成熟度與成品表現

酸味是黑皮諾的重要風味，過度成熟的果實會使酸度降低，釀造出來的酒會呈現不新鮮的沉悶水果味道。

成熟度不足的果實，不但果皮色澤不夠，糖分也不足，因此無法獲得足夠的酒精，在法國通常會添加糖分來幫助發酵。

 ## 使用方式

以單獨釀造為主

完美的黑皮諾紅酒，擁有最為纖細、優雅的口感與香味，不適合與其他葡萄品種混合釀造紅酒，所以世界各地的黑皮諾大都是單獨釀造。

混合使用時

在法國香檳區因為氣候寒冷，葡萄很難達到釀造紅酒時所要求的成熟度。雖然無法釀製紅酒，但是豐富的酸度和香味卻適合釀造香檳。通常會與夏多內（Chardonnay）和皮諾慕尼艾（Pinot Meunier）混合釀造。

 ## 風味特性

- 黑皮諾果皮色素少、皮薄，所釀出的酒單寧含量少、顏色清淡。酒色通常呈現較為明亮具透明度的紅色，口感溫潤、柔滑。因為沒有豐富的單寧，所以不如卡本內・蘇維儂或是希哈具有陳年二十年，甚至於三十年的實力，但也有不錯的陳年潛力。
- 黑皮諾的香味通常是以紅色漿果類的香味為主，如草莓、櫻桃、小紅莓、桑葚、覆盆子等。
- 經過陳年的黑皮諾香味更為濃郁複雜，經常表現出蜜李、無花果、松樹、甚至於松露巧克力、麝香等類的迷幻味道。

 ## 主要分布地點

纖細敏感的黑皮諾種植區域不如卡本內・蘇維儂廣泛，歐洲以法國的勃根地、阿爾薩斯，和德國較普遍。新世界地區有美國加州、奧勒岡州，和紐西蘭、澳洲、南非⋯⋯。

 ## 主要產地的風味差異

黑皮諾在不同產地的表現差異很大。勃根地區以草莓、桑葚、覆盆子等紅漿果香最為常見，陳年後會有巧克力或是麝香的芳香；加州常表現出更深厚的蜜李氣味；澳洲通常是讓人聯想到紅櫻桃。氣候更為涼爽的法國阿爾薩斯和德國則表現出更清淡的顏色和果香，像是紅櫻桃、桑椹、覆盆子。

黑皮諾酒款介紹

Côte de Nuits Louis Max Charmes-Chambertin Grand Cru

產區 法國勃根地夜丘（Côte de Nuits）

風格／特色

黑皮諾的經典作品在勃根地夜丘（Côte de Nuits）。來自路易邁斯（Louis Max）酒廠夏姆-香貝丹頂級葡萄園（Charmes-Chambertin Grand Cru）所釀造的黑皮諾酒款，擁有豐富爽口的酸度，口感緊實而細緻，經常表現出玫瑰、紅櫻桃優雅等香味。

Barratt Reserve Pinot Noir

產區 澳洲南澳大利亞省阿德雷德丘（Adelade Hills）產區

風格／特色

阿德雷德丘產區的海拔高，氣候涼爽非常適合黑皮諾生長。芭芮酒莊（Barratt）酒廠的窖藏（Reserve）系列黑皮諾單寧精細柔和，展現出櫻桃、草莓、香料等複雜而飽滿的香氣，相當傑出。

Wooing Tree Central Otago Pinot Noir

產區 紐西蘭南島中奧塔哥（Central Otogo）產區

風格／特色

中奧塔哥的黑皮諾受到世界黑皮諾迷的喜好。莊園名稱浪漫無比的定情樹莊園（Wooing Tree），釀造出酒質酸味細膩柔順，以桑葚等黑色漿果為主，果香圓潤飽滿，餘韻悠長。

梅洛 Merlot

隱隱約約玫瑰風華

同樣來自波爾多的梅洛，名氣上遠不如卡本內・蘇維儂響亮。事實上，在大量使用梅洛釀造紅酒的玻美侯（Pomerol）和聖愛美濃（Saint-Émillon）兩地，卻是波爾多眾多佳釀中平均售價最高的地區。

梅洛最適合涼爽的氣候和富含黏土的土壤。開花期較早，也較早達到成熟，屬於產量高，容易種植的品種。因此，世界各地的種植面積不斷地增加中。香味和口感的表現上有點類似卡本內・蘇維儂，但是單寧較少，也更柔軟，而糖分較高。作品的表現上酒精度通常比卡本內・蘇維儂高，口感上則容易過度柔順圓滑缺乏個性。

成品的表現

項目	說明	表現
酒色	黑櫻桃的黑紫色。	★★★☆☆～★★★★☆
酸度	酸度低。	★☆☆☆☆～★★☆☆☆
單寧	單寧低，容易成熟。	★★☆☆☆～★★★☆☆
香氣	香味豐富。	★★★☆☆～★★★★☆
口感	口感肥厚、圓潤。	★★☆☆☆～★★★★☆

認識梅洛

1 品種特性

梅洛成熟的果實，果粒大、皮薄，甜度高而酸度低。釀出來的酒沒有豐富的單寧和酸味，口感相當肥厚圓潤、柔順而容易入口。但是缺乏單寧和酸度的支撐，梅洛口感容易過於圓滑，少一點個性。經常釀造出口味平平、缺乏個性魅力的紅酒。

果粒大、皮薄，
甜度高、酸度低

 **使用方式**

單獨使用

單獨釀造使用時，具有濃郁甜蜜的果香，柔順好入口。容易達到成熟期，很年輕時就可以飲用。

混和使用

梅洛適合與卡本內・蘇維儂混合釀造，在波爾多地區，吉隆特河（Gironde）左岸，梅洛通常與卡本內・佛郎、小維多合作，以配角的方式緩和卡本內・蘇維儂過於艱澀的口感。

但是在吉隆特河右岸，梅洛占據主角的位置，可以達到三分之二以上的比例。特別在玻美侯、聖愛美濃地區特殊的黑色黏土培育下，梅洛造就出獨一無二精緻細膩的口感。

 風味特性

- 梅洛與卡本內・蘇維儂在風味上有些類似，但是單寧含量較少，黑醋栗、雪松的香味較不明顯，而黑李的濃郁果香較重，也會有玫瑰或是水果蛋糕的厚重甜香，或是薄荷的清爽香味。

- 果實中擁有較高的糖分，因此酒精度通常比卡本內・蘇維儂高出1~2度。整體表現上以柔和順口的風格，不具有明顯的單寧澀味，對大多數的入門者是相對容易接受的品種。

 主要分布地點

法國之外，梅洛在歐洲很受歡迎，義大利、匈牙利、保加利亞、羅馬尼亞都有種植；新世界的紐西蘭、澳洲和美國加州也都有優異的表現。

 主要產地的風味差異

- 波爾多的玻美侯和聖愛美儂地區，在特殊的黑色黏土培育下，這裡的梅洛有種少見的相對雄健扎實的風格和極為細緻的口感。

- 涼爽的紐西蘭，讓梅洛需要更長的時間成熟，香氣較為收斂。溫暖的澳洲則讓香味更加外放，果香瀰漫。

- 美國加州的梅洛香味十分傑出，除了單獨釀造外，有時也會和卡本內・蘇維儂調配，形成類似波爾多的風格。

梅洛酒款介紹
Merlot

Château Ausone Saint-Émillon Premier Grand Cru Classé A

產區 法國波爾多聖愛美濃（Saint-Émillon）

風格／特色

梅洛在故鄉波爾多的玻美侯（Pomerol）和聖愛美濃（Saint-Émillon）表現最精彩。歐頌堡（Château Ausone）為聖愛美儂區唯一的二家頂級A級酒莊（Premier Grand Cru Classé A）之一，這款酒以50%的梅洛和卡本內‧佛郎混釀。單寧柔軟口感濃郁不失細膩、精巧，散發出巧克力、松露、太妃糖、黑莓等具有魔力的香味，是當今頂尖的紅酒之一。

Duckhorn Vineyards Merlot Napa Valley

產區 美國加州納帕谷（Napa Valley）

風格／特色

Duckhorn酒廠的梅洛葡萄樹種來自於波爾多的彼德堡（Château Pétrus），有美國彼德堡之稱。以豐富的黑李、黑莓等果香，混合太妃糖、巧克力的香味聞名，充分表現細緻滑順的口感。

作用｜品種｜紅葡萄品種｜白葡萄品種｜生長條件｜釀造

希哈 Syrah

辛香強勁的氣息

產自於法國隆河谷北方的希哈，果實顆粒小，外皮厚重呈現藍黑色。厚實而顏色深的果皮除了提供大量的單寧外，更含有豐富芳香分子和色素，可以釀造口感結實豐富、香味濃郁多變的深紫色佳釀，是世界上風味最為強勁的頂級紅酒，深具陳年潛力。

喜歡溫暖氣候的希哈，除了在原產地充滿火成岩、石礫和石灰岩的土壤生長良好外，也適合種植於各種不同土質的土地中。

● 成品的表現

項目	說明	表現
酒色	深厚的黑紫色。	★★★★☆～★★★★★
酸度	酸度的表現不特殊。	★☆☆☆☆～★★★☆☆
單寧	單寧含量高，需要時間成熟。	★★★★☆～★★★★★
香氣	辛香的氣味渾厚。	★★★★☆～★★★★★
口感	口感結實強勁。	★★★★☆～★★★★★

認識希哈

 品種特性

希哈屬於高產量、早熟的品種。但是產量過高時，酒的品質無論在氣味或是口感表現上都相對下降，酒廠必須在產量與品質之間抉擇。

收成時的糖分含量高低決定希哈的表現。含糖量高時，容易表現出豐富的水果香味，甚至於巧克力般濃甜的氣息；含糖量較低時，容易有青澀的扁豆或是青椒的氣味聯想。

果實顆粒小、皮厚呈藍黑色、含豐富單寧

使用方式

單獨使用

風格強烈獨特的希哈，非常適合單獨釀造，展現出綿密厚實的特長。

混合使用

- 在法國也經常和格納西（Grenache）或是白葡萄品種的威尼歐（Viognier）合作，調整成圓潤的口感。
- 當然，最著名的合作夥伴是威名赫赫的卡本內‧蘇維儂，澳洲經常讓兩種強勁的紅葡萄品種混合，產生更飽滿的風格。

 風味特性

希哈的香味十分強勁有力，年輕時經常表現出黑色漿果類的黑莓、桑葚，或是紫羅蘭的香味。陳年後會轉換成更為深沉的煙燻、皮革、焦糖、巧克力般的氣味和奶油般滑潤的餘味。

 主要分布地點

在歐洲大陸，除了法國的隆河谷北部是原產地外，而法國地中海沿岸的隆河谷南部、普羅旺斯（Provence）以及義大利、西班牙都有種植。

希哈在澳洲通常以Shiraz稱呼，是澳洲紅酒最佳代表，不但種植面積是澳洲葡萄品種之冠，風味更是可以和原產地一較高下。

美國加州和南非也都有很好的成績。

 主要產地的風味差異

原產地表現

在原產地隆河谷，希哈香味濃郁、口感緊實，年輕時充滿紫羅蘭花香和漿果香，陳年後展現成熟的香料、皮革、熱帶水果香味。

其他地區表現

澳洲經常將希哈釀製成清淡容易入口的一般日常飲料，但是在最好的產品中，則是能將希哈的野性充分表現出來，除了有巧克力、漿果的香味外，更有香料、皮革的濃野辛香。

作用　品種　紅葡萄品種　白葡萄品種　生長條件　釀造

Syrah

希哈酒款介紹

 Cave de Tain GAMBERT de LOCHE Hermitage Rouge

產區 法國北隆河谷的艾米達吉鎮（Hermitage）

風格／特色

北隆河谷的艾米達吉鎮（Hermitage）是希哈的重鎮，具有優雅和力量的美感。Cave de Tain坦恩酒廠的Gambert de Loche系列表現出紅莓果、胡椒、皮革、香辛料豐富複雜香氣。

 Grant Burge Meshach Shiraz

產區 南澳大利亞的巴羅沙谷（Barossa Valley）

風格／特色

Grant Burge（格蘭堡酒廠）的Meshach系列以低產量的八十高齡老樹生產高品質的希哈紅酒。在當地特有的炎熱天候，釋放出希哈奔放的野性，單寧厚實卻表現柔順飽滿的口感，顏色深、香味濃，散放巧克力、尤加利的特殊風味。

內比歐露 Nebbiolo

義大利的傳統佳釀

內比歐露是義大利最好的葡萄品種之一，原產地在義大利的北部皮蒙區（Piemonte）。適合在向陽面的斜坡地種植，在石灰質或是白堊的貧瘠土壤下生長，可以獲得最好的品質。果實的單寧含量與酸度都相當高，釀造的酒顏色呈現鮮豔的櫻桃紅，香氣濃郁，口感緊實豐富、酸度高，適合陳年。

成品的表現

項目	說明	表現
酒色	亮麗的櫻桃紅，容易轉變成橘紅色。	★★☆☆☆～★★★☆☆
酸度	酸度高。	★★★☆☆～★★★★☆
單寧	單寧豐富，需要陳年來軟化單寧澀味。	★★★☆☆～★★★★★
香氣	香味濃郁、層次分明。	★★★☆☆～★★★★☆
口感	口感嚴謹、濃郁。	★★★☆☆～★★★★★

認識內比歐露

1 品種特性

內比歐露是由義大利文雲霧（nebbia）的意思轉換而來的。因為採收時節已經是深秋，在山頂上經常有雲霧環繞。

內比歐露屬於晚熟的品種，需要較長的時間達到成熟度。成熟的果實深紫紅色，果皮相當厚，產量不高。

皮厚、酸度高、單寧豐富

2 使用方式

內比歐露以單獨釀造為主，皮蒙區較北邊加惕那拉（Gattinara）地區會添加少量的波那達（Bonarda）讓口感更圓潤。

③ 風味特性

● 晚收成的內比歐露需要更長的成熟時間，讓風味更為圓潤。過早採收的果實不但酸度高，果皮中的單寧更是生硬乾澀，將導致酒味酸味尖銳，澀味過於收斂，不容易入口。

● 在良好的採收時機，內比歐露的酸度新鮮，香味呈現黑櫻桃、紫羅蘭、玫瑰或是薄荷、乾草、焦油等豐富變化，口感結構扎實。

④ 主要分布地點

內比歐露種植區域不廣，大部分在義大利西北部的皮蒙區。另外在澳洲和加州也有少量生產。

⑤ 主要產地的風味差異

● 在義大利皮蒙區的巴羅簍（Barolo）和巴巴瑞思科（Barbaresco）香味豐富、扎實。

● 北邊的加惕那拉混合10％波那達味道較為圓潤。

● 卡內瑪（Garema）產區則表現較為細緻。

INFO　**聞到的香味是真實或是想像？**

葡萄酒的香味很複雜，當我們在葡萄酒中聞到某種味道時，有時候的確在酒的成分中可以找到同樣的化學成分。像是天然的香草莢所散發的甜蜜香味主要是來自香草?，而經過橡木桶發酵的夏多內，也經常飄揚香草的甜香，事實上，也的確可在葡萄酒之中找到香草?的成分。

不過，有時香味是品酒者自己獨特的感官經驗，和香味的特定分子無關，是所有的氣味結合後給予品酒者的綜合感受。這種狀況很難用語言來描繪，品酒者必須給予自己更多的包容和自信，除了運用上述的聞香技巧，更要忠實地將自己的感受表達。

Nebbiolo
內比歐露酒款介紹

Barbaresco "Asili di Barbaresco" – Bruno Giacosa

產區 義大利皮蒙區巴巴瑞思科（Barbar esco）
產區艾絲禮村（Asili）

風格／特色
皮蒙區著名的基亞可薩酒莊（Bruno Giacosa）
的內比歐露紅酒深受好評，特別是來自艾絲禮村
（Asili）的作品。展現出紅寶石般的色澤、溫厚
扎實的口感，綻放出紅色漿果、玫瑰、皮革等層
層變幻香氣，口感豐富，令人回味。

Ceretto Barolo Bricco Rocche Nebbiolo

產區 義大利皮蒙區（Piemonte）巴羅婁
（Barolo）產區

風格／特色
羅凱園（Bricco Rocche）是傑勒托酒莊
（Ceretto）的旗艦酒，當年分不佳時，會停
止生產以維護品質。作品的香氣極為外放，
表現出複雜的咖啡、皮革、香料、漿果等氣
味。口感圓潤、濃稠而甘美。

作用

品種

紅葡萄品種

白葡萄品種　生長條件　釀造

其他紅葡萄品種

以下紅葡萄品種，因經常以配角方式與上述的品種混釀，或是因為在不同的地區、氣候因數表現上落差很大，所以知名度上不如前述品種響亮。

事實上，他們仍然是極為優秀的品種，相當具有特色，在葡萄酒的世界也是響叮噹的角色。只是受限於篇幅，我們只能以較簡短的方式介紹。

其他紅葡萄品種介紹

卡本內‧佛郎（Cabernet Franc）

一般特色	原產自波爾多的古老品種，據說已經有千年以上的歷史。是波爾多紅酒的重要配角，用來搭配卡本內‧蘇維儂以及梅洛。
品種特性	喜歡生長在涼爽的區域，口味清淡，單寧的含量和酸度都較低。
使用方法	除了在法國羅亞爾河谷地中游地區之外，很少單獨裝瓶，通常扮演卡本內‧蘇維儂或是梅洛的襯底角色。
風味特性	濃厚的草葉味伴隨漿果的香味，或是類似鉛筆的木質香。
主要分布地點	法國波爾多、羅亞爾河谷、義大利北部、加州、南非……。

加美（Gamay）

一般特色	是薄酒萊（Beaujolais）地區唯一法定紅葡萄品種，也是舉世聞名新酒的葡萄品種。事實上也可以釀造出容易入口、豐富果香的一般紅酒
品種特性	加美的果實碩大，外觀呈現藍黑色，汁多皮薄。酸度和單寧量都不高。
使用方法	通常單獨釀造出早熟容易入口的紅酒，但是在薄酒萊某些火成岩地區，可以釀造出口感豐富、可以陳年的世界級作品。
風味特性	酒色呈現亮麗的紫紅色，新鮮的果香味相當濃郁。單寧少、酸度低、口感清爽容易入口。產量高時，酸味通常不夠細緻。
主要分布地點	法國勃根地、羅亞爾河谷、瑞士、美國加州、南非……。

黑格納西（Graneche Noir）

一般特色	通常簡稱為格納西（Graneche），是西班牙種植面積最廣的紅葡萄與最重要的紅葡萄品種。適合炎熱乾燥的氣候。屬於晚收成的品種。
品種特性	果實的單寧和酸度不高，但是甜度高，可以釀出酒精度很高的紅酒及玫瑰紅酒。
使用方法	通常很少單獨釀造，在西班牙經常與田帕拉尼優（Tempranillo）混合；在法國東南部則是搭配希哈、仙梭（Cinsaut）或是其他南部的品種，強化酸度或是單寧。
風味特性	黑格納西含有的單寧和酸度相對低，色澤也清淡。但是香味濃烈，通常表現紅色漿果、香料的氣味，或是蔗糖的香甜。
主要分布地點	西班牙、法國地中海沿岸、加州、澳洲……。

馬爾貝克（Malbec）

一般特色	產自法國西南部地區，適應炎熱的氣候。馬爾貝克是波爾多的稱呼，當地稱之為Côt或是Auxerrois。
品種特性	馬爾貝克單寧的含量和香味都很豐郁，但是酸度較低。
使用方法	馬爾貝克在波爾多的表現並不出色，經常和卡本內·蘇維儂以及梅洛混合。但是非常適應阿根廷Mendoza的自然環境，不需要與其他品種混合就可以釀造出酒精度高、芳香撲鼻的紅酒。
風味特性	香味濃烈的馬爾貝克經常散發出黑色漿果和動物毛皮的氣味，酒色呈現深黑紅色，酸度低而口感圓潤。
主要分布地點	法國西南部、澳洲外、南美洲……。

山吉歐維列（Sangiovese）

一般特色	原產地是義大利的中部和北部地區，屬於非常古老的葡萄品種，是目前義大利種植面積最廣泛的品種。
品種特性	歷史悠久的山吉歐維列有許多不同特性的副品系，像是Sangiovese Grosso、Sangiovese Piccolo……等，都有不同的風味特徵。
使用方法	在義大利中部地區經常與當地的其他品種混合，或是與卡本內·蘇維儂合作。
風味特性	在大部分的品系中，通常表現出酸度強、單寧濃厚的生硬口感。但是在義大利中部地區採用的品系則表現出顏色深重，散發黑櫻桃香味，而口感嚴密結實的上等紅酒。
主要分布地點	義大利中、北部；美國加州……。

作用 品種 **紅葡萄品種** 白葡萄品種 生長條件 顏造

田帕拉尼優（Tempranillo）

一般特色	田帕拉尼優是西班牙原生品種中最優秀的品種，喜歡涼爽的天候，在貧瘠的石灰質黏土表現最好。
品種特性	田帕拉尼優屬於早熟的品種，果實小、果皮厚實顏色深，呈現藍黑色。
使用方法	田帕拉尼優無論是單獨釀造或是與黑格納以及卡麗農（Carignan）混合都有很優秀的表現。
風味特性	西班牙的田帕拉尼優經常散發出野草莓、香料或是煙草的香味，適合年輕時喝，也有陳年的潛力。葡萄牙也有廣泛種植，香味則表現出新鮮的水果氣息，必須趁年輕時飲用。
主要分布地點	西班牙、葡萄牙……。

金芬黛（Zinfandel）

一般特色	原產自歐洲，金芬黛卻在美國加州大放異彩。適合種植於涼爽的礫石地，產量大，容易生長，是加州種植面積最大的品種。
品種特性	金芬黛產量高，果實含大量糖分，果皮色澤輕淺，單寧含量低。必須小心修剪，控制產量，品質隨產量升高而滑落。
使用方法	金芬黛經常釀製成便宜的微甜玫瑰紅，或是汽泡酒。小心控制產量時，並延長浸皮的時間，也可以產生果香濃厚的高品質紅酒。
風味特性	金芬黛的果香濃厚，最常見的味道是漿果類的黑莓或是甜李的甜香，也會帶一些黑糊椒粒的辛香氣味。
主要分布地點	美國加州、義大利……。

白葡萄品種

相對於紅葡萄，白葡萄果皮中含有的單寧和芳香物質較少。在缺乏單寧的保護下，因此不像紅酒可以歷經較長時間的陳年，風味上也以輕巧細緻為主。在沒有豐厚單寧的架構支撐下，白酒的酸味經常成為品嚐的重點，合宜的酸味不但可以讓酒有清新宜人的口感，也是評斷白酒久藏的條件之一。

常見的白葡萄酒品種

1 **夏多內** Chardonnay
種植面積廣大的偉大白葡萄品種 ——→ P.50

2 **麗詩鈴** Riesling
許多專家心中的第一名 ——→ P.53

3 **榭密雍** Sèmillon
波爾多地區的白葡萄品種 ——→ P.56

4 **白蘇維儂** Sauvignon Blanc
清爽的綠色香味 ——→ P.59

5 **蜜思嘉** Muscat
品系複雜、成品變化多端 ——→ P.62

作用

品種

紅葡萄品種

白葡萄品種

生長條件

釀造

夏多內 Chardonnay

種植面積廣大的偉大白葡萄品種

夏多內是原產自勃根地的葡萄品種，能夠適應溫帶的各種氣候、土壤，相當容易種植。在不同的氣候、土壤下可以發展出完全不同的香味和口感，是目前世界上最受到歡迎的品種。

成品的表現

項目	説明	表現
酒色	呈現透明的微黃色，經過橡木桶陳年則為金黃色。	★★☆☆☆～★★★★☆
酸度	酸度中等，寒冷氣候酸度較高。	★★☆☆☆～★★★☆☆
單寧	有些地區以橡木桶陳年來增加單寧和口感。	★☆☆☆☆～★★☆☆☆
香氣	隨生長地區氣候而不同，在溫度高的地區，通常香味較濃郁。	★★☆☆☆～★★★★☆
口感	因生長環境和是否使用橡木桶而有所不同。	★★☆☆☆～★★★★☆

認識夏多內

1 品種特性

夏多內皮薄顆粒小，產量高而且品質屬於早熟的品種。最棒的是，夏多內不容易因為高產量而降低品質。
在涼爽天候下，貧瘠而排水良好的石灰地上可以表現出細緻的風格，但是在溫暖的氣候，香味更為濃烈、奔放。事實上，夏多內很容易因為土壤、氣候以及釀酒師的手法，有各種不同的精采表現。

皮薄、果實小，
酸度中等

② 使用方式

夏多內通常單獨釀造成不甜的高級白酒，更可依據不同的成熟度，釀出不同的風味。例如：較為青澀的果實可以釀出青蘋果的細緻香味；或是較成熟的果實，孕育出較為外放、熱情的鳳梨、哈密瓜之類的熱帶水果香味。

夏多內非常適合製作成汽泡酒，是世界各產區常用的汽泡酒原料。在法國香檳區經常與黑皮諾和皮諾慕尼艾（Pinot Meunier）混合釀造，帶給香檳新鮮的酸度、細緻的果香。

③ 風味特性

- 夏多內在涼爽的天氣下表現最好，通常口感細緻、優雅，酸度高。可以表現出青蘋果、水梨、水蜜桃、堅果、礦石，甚至於類似打火石的氣味。
- 溫暖的氣候下，則香味呈現出哈密瓜、鳳梨等熱帶水果的甜美，口感相對圓潤。
- 夏多內非常適合在橡木桶發酵，橡木桶可以讓夏多內產生類似香草、奶油、太妃糖等更為滑潤濃郁的香味。

④ 主要分布地點

在法國的香檳區、勃根地、羅亞爾河（Loir）、隆格多克與胡西庸（Languedoc & Roussillon）；以及德國、義大利、西班牙、南非；美國的加州、紐約州；加拿大、阿根廷、澳洲、紐西蘭……都有廣泛的種植。

⑤ 主要產地的風味差異

- 夏多內在勃根地地區表現精彩，特別是普里尼村（Puligny）的夏多內是最高級的白酒產區，以細緻均衡的口感、散發出堅果、蜂蜜和花香見長；或是夏布利（Chablis）所表現的明亮酸味，混合檸檬和礦石的特殊風味最佳。
- 義大利、西班牙生產的夏多內具肥厚豐腴的口感，以熱帶水果的香味為主。
- 加州和澳洲則是釀造出蜜糖、熱帶水果的濃郁熱情，和厚實的橡木香。

作用
品種
紅葡萄品種
白葡萄品種
生長條件
釀造

Chardonnay
夏多內酒款介紹

Louis Max Meursault Chardonnay

產區 勃根地梅索村（Meursault）

風格／特色

梅索村（Meursault）是著名的伯恩丘南部最著名的白酒產區，路易邁斯酒廠（Louis Max）的這款葡萄酒擁有濃郁的成熟果香、蜂蜜、鮮花，附帶隱隱約約香草的甜美和優雅的堅果氣味。口感十分濃郁圓潤，不但容易入口，餘韻也相當迷人。

Elderton Estate Unwooded Chardonnay

產區 澳洲南澳大利亞省（South Australla）
巴羅莎谷（Barossa Valley）

風格／特色

艾德頓酒廠是巴羅莎谷著名的酒廠，以生產濃郁渾厚型葡萄酒著稱，這款夏多內白酒散發蘋果、檸檬、奶油的濃郁口感，充分表現出澳洲酒的飽滿豐厚。

Kunde Estate Chardonnay Reserve Series

產區 美國加州索諾馬郡（Sonoma County）地區

風格／特色

加州的昆德酒廠（Kunde Estate）是索諾馬郡（Sonoma County）著名的高級白酒製造商，而其中的精選系列（Reserve Series）有著蘋果與檸檬、奶油、烤土司的香氣，入喉後恰到好處的酸味、口感均勻而滑潤。

麗詩鈴 Riesling

許多專家心中的第一名

來自德國萊茵河流域的麗詩鈴，擁有細緻優雅的口感、明亮的酸味和獨樹一格的打火石、汽油般的揮發性香味，是許多專家心中的最佳白葡萄品種。
麗詩鈴適合在涼爽的氣候中生長，在德國摩賽爾河（Mosel）排水良好的板岩地形可以發展出最細緻的香氣和酸味。

成品的表現

項目	說明	表現
酒色	顏色輕、幾乎無色；但是冰酒、貴腐酒的甜酒類型呈現較深的茶棕色。	★☆☆☆☆～★★★★☆
酸度	酸度高，即使在甜酒類型也可喝出明亮的酸味。	★★★☆☆～★★★★☆
單寧	不以橡木桶釀製，單寧低。	★☆☆☆☆～★★☆☆☆
香氣	香味不是特別濃郁、但是細緻優雅。	★★☆☆☆～★★★☆☆
口感	依照不同類型，可以清爽、可以濃郁。	★★☆☆☆～★★★★☆

認識麗詩鈴

1 品種特性

麗詩鈴可以適應寒冷的氣候和貧瘠的土地，對於病蟲害的抵抗力相當強，屬於高品質、高產量的品種。最大的問題是相當晚熟，在德國，麗詩鈴必須要到秋末、冬初才能夠成熟，收成上有較大的天然風險。

皮薄、酸度豐富細緻

果皮輕薄的麗詩鈴很容易受到黴菌侵襲，可以製作成極為稀有的貴腐酒。麗詩鈴最大的特色是果實中的酸味豐富而細緻，而不會隨著果實成熟而降低。因此，即使在最甜膩的貴腐酒、冰酒，麗詩鈴永遠都會有鮮明的酸味來平衡口中的甜膩感。
豐富的酸味讓麗詩鈴無論在不甜、半甜或是極甜的白酒都有優良的表現，呈現出細緻、豐富的風格，也讓麗詩鈴經得起陳年，麗詩鈴的濃郁甜酒類型經常可以陳年數十年。

② 使用方式

麗詩鈴通常單獨釀造，而且不適合在橡木桶中發酵，因此不會表現出木香。依據果實不同的成熟度和釀酒手法，麗詩鈴可以釀造出從完全不甜的清新口感，到最濃郁的冰酒或是貴腐甜酒。當然，麗詩鈴明亮的酸味和優雅的香味也非常適合釀製汽泡酒。

③ 風味特性

麗詩鈴的香味變化豐富，在不同的成熟度可以產生不同的香味。以較青澀的果實釀造的酒中可以品嚐到橙花、柑橘、蘋果之類細緻的芳香，更成熟的果實會表現出烤蘋果、百香果、蜂蜜、烤吐司的氣息。

但是無論在哪種成熟度，麗詩鈴都可以藉著清新明亮的酸度和獨有的類似石油揮發性的香味被輕易地辨認出來。

④ 主要分布地點

歐洲地區以德國、奧地利、瑞士、捷克、法國阿爾薩斯較為常見。高品質的麗詩鈴在新世界的美國加州、奧勒岡州、紐約州；澳洲、紐西蘭、智利……也都有種植。

⑤ 主要產地的風味差異

- 德國的摩賽爾‧薩爾‧魯爾產區和萊茵河流域出產世界上最細緻的麗詩鈴白酒，除了豐富的香氣表現外，無論是甜或是不甜的類型，都有活潑的酸味讓口感極為生動，是世界上最好的白酒之一。鄰近的法國阿爾薩斯也是麗詩鈴的重鎮，酒精濃度通常較高一些，口感也較為厚實。
- 美國加州通常口感比較圓潤，在涼爽的華盛頓州則表現較為纖細。
- 澳洲較涼爽的南澳大利亞產區，麗詩鈴的檸檬和礦石的香味濃厚，酸勁十足，十分耐久藏。

Riesling
麗詩鈴酒款介紹

Dr. Loosen Wehlener Sonnenuhr Riesling Auslese

產區 德國摩賽爾‧薩爾‧魯爾產區（Mosel-Saar-Ruwer）

風格／特色

德國摩賽爾‧薩爾‧魯爾產區是全球麗詩鈴最為優雅細緻的產區，頂尖的莊園眾多，其中路森博士（Dr. Loosen）莊園擁有數個頂級葡萄園，令人稱羨的衛恩葡萄園（Wehlener Sonnenuhr）其特殊的灰藍色板岩地質讓這款遲摘串選（Auslese）麗詩鈴表現出生動、細緻的酸味，高雅的礦石口感和幽遠的水蜜桃、水梨、柑橘花香，極其動人。

Keller Dalsheimer Riesling

產區 德國萊因黑森（Rheinhessen）產區

風格／特色

萊茵河流域的萊因黑森所生產的麗詩鈴通常酸味較低，香味豐富。其中的凱樂酒莊（Keller）是公認的頂尖酒莊，來自達希瑪（Dalsheimer）葡萄園的麗詩鈴蘊含有悠揚橙花香之外，更有檸檬、萊姆、白桃等明亮果香伴隨，酒體圓潤豐厚，有極為美好的餘韻。

F E Trimbach Cuvée Frederic Émile Riesling

產區 法國阿爾薩斯（Alsace）

風格／特色

阿爾薩斯的葡萄酒與德國風味相近，但是酒精度較高，礦石的風味更明顯，有較強的風味。其中婷巴赫（F E Trimbach）酒廠極為傑出，除了旗艦品Clos Sainte Hune葡萄園的麗詩鈴，是眾多專家公推的阿爾薩斯第一名酒外，次一級的Cuvée Frederic Émile系列麗詩鈴也是不可多得的逸品，礦石的高雅、內斂，花香、果香明顯而悠遠，酸與甜的口感十分平衡，經過陳年更能充分散發魅力。

榭密雍 Sèmillon

波爾多地區的白葡萄品種

榭密雍的原產地是波爾多，是當地最主要的白葡萄品種。榭密雍在不同的土壤都可以生長得很好，但是對於氣候的要求很高。

在過於溫暖的天候，榭密雍釀造出來的酒結構鬆垮，口感肥厚無當，單調乏味；而寒冷的地區生產出來的酒則過於乾瘦，口感不佳。唯有在涼爽的氣候下，榭密雍才有良好的表現。

成品的表現

項目	說明	表現
酒色	顏色輕，但是貴腐酒的甜酒類型呈現較深的金黃色。	★★☆☆☆～★★★★☆
酸度	酸度低，需要白蘇維儂混合來補強酸味。	★☆☆☆☆～★★☆☆☆
單寧	單寧含量相當少，有時以橡木桶釀製，補強較為單薄的單寧。	★☆☆☆☆～★★☆☆☆
香氣	香味清淡，需要白蘇維儂混合，補強香氣。	★☆☆☆☆～★★☆☆☆
口感	酒味清淡，但貴腐酒類型則口感濃郁。	★★☆☆☆～★★★★☆

認識榭密雍

1 品種特性

榭密雍屬於早熟、高產量的品種，但是過高的產量將導致品質降低。外皮相當薄，糖分很高，酸度低，酒的香味清淡，經常調配白蘇維儂（Sauvignon Blanc）補足酸味和香味。

榭密雍的果皮非常薄，很容易讓貴腐黴菌侵入，特別是秋天採收期遇上溫暖潮濕的天氣時。在貴腐黴菌的協助下，榭密雍可以釀造出珍貴的貴腐甜酒，成品充滿蜂蜜、糖漬水果、烤吐司的濃郁甜香。

皮薄、糖分高、酸度低

使用方式

缺乏酸味和香味的榭密雍，在單獨釀造時口感過於清淡，因此很少單獨使用。經常與白蘇維儂混合釀造，補強酸味與香氣。

有時也會使用橡木桶發酵，讓橡木桶添加酒的厚度和香味，同時也可以延長陳年。

 風味特性

不甜的榭密雍口感清淡。通常擁有類似青草的氣息，隱約散發檸檬、蘋果的清香，陳年後香味轉換成奶油威士忌或是蜜蠟的香味。而極為甜膩、濃郁的貴腐型榭密雍白酒，帶有濃厚的蜂蜜、糖漬水果香甜口感。

 主要分布地點

除了原產地波爾多外，其他主要的產地有美國的加州、華盛頓州，南美洲的智利和阿根廷，以及南半球的澳洲、紐西蘭和南非。

主要產地的風味差異

- 不甜類型的榭密雍白酒在波爾多地區，主要是與白蘇維儂混合釀酒，擁有檸檬、青蘋果類的綠色果香，並且由白蘇維儂提供了爽口的酸度。
- 榭密雍在澳洲獵人谷有極好的表現，口感濃郁無比，帶有檸檬、奶油威士忌、蜂蠟的香味和豐富的酸味。
- 紐西蘭和澳洲西部則表現較為清爽，帶有青草的清香。至於智利、阿根廷、南非地區，榭密雍表現不甚出色。
- 而甜酒型的貴腐酒，主要是在波爾多的索甸地區（Sauternes），濃厚甜膩的口感，表現出複雜的檸檬、蜂蜜、奶油威士忌、糖漬水果等氣息。

Sèmillon
榭密雍酒款介紹

 Château d'Yquem

產區 波爾多索甸產區（Sauternes）

風格／特色

波爾多索甸及巴薩克（Sauternes & Barsac）產區唯一列名一級酒莊Premier Grand Cru等級，的依肯酒堡（Château d'Yquem）以大約80%的榭密雍釀造，濃厚而細緻的花香、果香交織出令人沈迷的香氣，在甜蜜的口感中，保留適度新鮮的酸味，餘味無窮。香氣的表現上，主要以蜂蜜、熱帶水果和水果乾等濃郁甜蜜的香味為主。具有近百年的陳年實力。

Alkoomi Frankland River Wandoo Sèmillon

產區 澳洲西澳大利亞省法蘭克河（Frankland River）

風格／特色

亞庫米酒莊（Alkoomi Wines）是西澳最大的家族經營酒莊，葡萄園所在地法蘭克河區得天獨厚擁有類似波爾多的天氣型態，加上複雜細緻的釀酒技術，這款榭密雍帶有優雅的橙花甜香，搭配軟滑香草、橡木氣味，口感相當細緻，餘韻清新，且伴隨明快適中的酸味。

白蘇維儂 Sauvignon Blanc

清爽的綠色香味

原產地在法國羅亞爾河谷地（Loire）的白蘇維儂，喜愛溫暖的氣候和石灰質的土地。其酸度高、香氣濃郁，成品通常具有強烈風格，而濃厚無比類似百香果、綠色草液、鼠尾草等香味經常讓許多人驚訝，這個驚訝的感受包含了極度喜愛和厭惡。明顯的酸味讓白蘇維儂有較佳的陳年實力。

成品的表現

項目	說明	表現
酒色	顏色輕，但是與榭密雍合釀的貴腐甜酒呈現較深的金黃色。	★☆☆☆☆～★★★★☆
酸度	酸度高。	★★★☆☆～★★★★☆
單寧	不高。	★☆☆☆☆～★★☆☆☆
香氣	香味強烈。	★★★☆☆～★★★★★
口感	酒味清淡，但貴腐酒類型則口感濃郁。	★★☆☆☆～★★★★☆

認識白蘇維儂

1 品種特性

白蘇維儂的風味特性是香味濃、酸度高，可以釀造出香氣十足、順口好喝的白酒。但是採收的時機卻很難拿捏，成熟度高的葡萄含有豐富的糖分，卻經常喪失香味和酸味，容易釀造出高酒精度而風味不平衡的白酒。而成熟度不夠時，容易呈現粗劣的雜草、蘆筍味。

酸度高、香氣濃郁

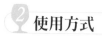 使用方式

白蘇維儂在不同產區有不同的傳統釀造方式。

單獨使用時

在羅亞爾河谷通常是單獨釀造，以表現熱帶果香為主。

混合使用時

波爾多以及其他地方經常與榭密雍混合，避免產生過於濃郁的香味，並補足榭密雍缺乏的酸度。當然與榭密雍合作的經典是貴腐型的甜酒，二者共同合作的波爾多索甸地區（Sauternes），是世界上最頂級的甜酒產區。

風味特性

- 白蘇維儂的香味濃重、酸味十足，單獨使用時可以釀製早熟、容易上口的不甜白酒。香味通常展現綠色的青草香，或是迷濛的鼠尾草、麝香，有時也表現百香果、鳳梨的果香。
- 與榭密雍合作時，經常在橡木桶中發酵，香味較為內斂，口感細緻圓潤，可以耐久藏。

主要分布地點

歐洲除了法國波爾多和羅亞爾河谷外，白蘇維儂是中歐和東歐重要的葡萄品種。

新興的產酒國，像是美國的加州、華盛頓州，南美的智利，澳洲、紐西蘭、南非都有種植。

主要產地的風味差異

- 羅亞爾河谷的白蘇維儂採單獨釀製，以爽快果香的風格為主，有時帶有結實的礦石、或是迷濛的鼠尾草香。
- 白蘇維儂是紐西蘭種植最廣泛的葡萄，表現十分傑出，除了青草香外、也經常表現出百香果、奇異果的果香，口感輕快明亮，容易入口。
- 澳洲和加州產區的白蘇維儂經常呈現出濃厚豔麗面貌。

Sauvignon Blanc
白蘇維儂酒款介紹

Monmousseau Pouilly Fumé Sauvignon Blanc

產區 法國羅亞爾河谷普依‧芙美（Pouilly Fumé）產區

風格／特色
夢森酒廠（Monmousseau）除了物美價廉的汽泡酒讓人愛不釋手之外，白酒的品質也一樣傑出。這款以百分之百白蘇維儂釀造的白酒，口感平衡、酸味明亮，散發香草、奶油、草葉與青蘋果等水果的氣息以及普依‧芙美著名的燻味，適合年輕時飲用。

Cloudy Bay Sauvignon Blanc

產區 紐西蘭南島馬爾堡（Marlborough）

風格／特色
紐西蘭的白蘇維儂向來受到國際愛酒人士的肯定。其中雲霧之灣酒廠（Cloudy Bay）更是廣為人知，香味變化豐富，由綠葉的清爽轉換到熱帶水果的香甜，口感細緻平衡，充分表現出紐西蘭的潔淨清爽。

蜜思嘉 Muscat

品系複雜、成品變化多端

據説蜜思嘉葡萄的存在已經有數千年的歷史，歐陸的法國、西班牙、義大利都有長時間栽種的經驗。在漫長的歲月中蜜思嘉演化出有200多種副品系，成品呈現出不同的酒色，例如微紅、淡黃等色澤。但是所有的蜜思嘉都擁有非常濃厚的香味和低量的酸度、十分容易入口，但是不具備久藏的實力。

成品的表現

項目	説明	表現
酒色	品種複雜，顏色分歧。有些品種帶有淺淺的紅色。	★☆☆☆☆～★★★★☆
酸度	酸度低。	★☆☆☆☆～★★☆☆☆
單寧	不高。	★☆☆☆☆～★★☆☆☆
香氣	香味強烈。	★★★☆☆～★★★★★
口感	範圍廣，甜與不甜類型都有。	★★☆☆☆～★★★☆☆

認識蜜思嘉

1 品種特性

蜜思嘉葡萄果實嬌小，各種不同副品系的果皮有不同的顏色，如青翠的綠色、金黃色、粉紅色，甚至於淺棕色。釀出來的酒色多變，有幾乎透明無色、金黃色、糖蜜般的棕色。蜜思嘉白酒的香味十分濃烈，但是酸味不強，不耐久藏，有時缺乏細緻和口感的均衡。

果實小、酸度低、單寧不高

2 使用方式

蜜思嘉以濃厚的香味見長，通常單獨釀造成氣味濃郁的甜白酒。法國東北部的阿爾薩斯省除了甜酒型態外，也釀造出細緻的不甜類型。蜜思嘉也適合生產汽泡酒。

3 風味特性

● 蜜思嘉白酒的香味經常表現出玫瑰、鼠尾草的花香，蜂蜜的香甜，或是荔枝、鳳梨、芒果等熱帶水果芳香。
● 除了義大利用蜜思嘉生產半甜型的汽泡酒，在法國隆河谷地則是以蜜思嘉調和克雷特（Clairette）釀造成口感柔順、充滿香味的汽泡酒。

4 主要分布地點

蜜思嘉在法國的種植範圍廣大，由東北角的阿爾薩斯一直到西南部西班牙邊界都有種植，但是法國人似乎不是特別偏好蜜思嘉。

另外歐洲的義大利、西班牙則盛行用蜜思嘉製造甜酒。其他產地還有匈牙利、希臘。

新世界則有南非、美國加州、澳洲等地。

5 主要產地的風味差異

● 法國阿爾薩斯蜜思嘉以細緻優雅的風格見長，隆河谷地卻是製造成濃郁果香的汽泡酒。
● 義大利雖然有各種類型的優質產品，最受矚目的還是汽泡酒。充滿濃厚蜜香、果香，十分順口好喝。

蜜思嘉酒款介紹

Domaines Schlumberger Les Princes Abbés Muscat

產區 法國阿爾薩斯（Alsace）

風格／特色

1810年成立的舒伯格酒莊（Domaines schlumberger），擁有阿爾薩斯省4個頂級葡萄園（Grand Cru），除了頂級葡萄園系列（The Grand Crus）讓人讚嘆外，平價的修道院系列（Les Princes Abbés）也相當優質，這系列的蜜思嘉經常表現出玫瑰等甜蜜的花香，伴隨綠色的薄荷和香料的辛香，餘味溫和而輕新。

Laurus-Gabriel Meffre Muscat

產區 法國隆河谷地（Côtes du Rhône）

風格／特色

Gabriel Meffre酒廠的葡萄園坐落於隆河谷地南部精華區Gigondas地區，Laurus系列慎選採收自老樹且成熟度佳的葡萄釀製。在這款蜜思嘉甜酒中，可以觀賞明亮呈金黃色澤的酒液，品嚐時散發出荔枝、桃子、茉莉花的複雜甜香，以及甜蜜、溫潤的美好口感。

其他白葡萄品種

以下品種也是白葡萄酒中的優等生。或許是栽種較為困難，因此種植的面積不如前述白葡萄品種；或是風格過於突出，讓人愛恨分明，擁護的人口稍微少了一些，但是絕對是值得品嚐的優良品種。

其他白葡萄品種介紹

白梢楠（Chenin Blanc）	
一般特色	原產地在法國羅亞爾河谷，可以釀製不甜的酒、貴腐酒、汽泡酒。適合溫暖的氣候，在不同的土壤種植，有不同的風貌表現。
品種特性	酸度極高，因此不管甜或不甜的類型都有陳年的潛力。
使用方法	法國經常單獨釀造，偶有加入少許夏多內增添果香。加州和澳洲則是以配角的方式與其他品種混合。
風味特性	通常表現出豐富的酸度，無論是不甜、甜酒型或是汽泡酒都保有清爽的口感。香味以花香、蜜香為主，也表現出成熟的水梨、鳳梨、蜂蠟的氣味。
主要分布地點	除了原產地羅亞爾河谷外，美國加州、澳洲、紐西蘭、南非皆有種植。

格烏茲塔明那（Gewürztraminer）	
一般特色	原產地是義大利，屬於早熟的品種，在涼爽的氣候表現較佳。
品種特性	果皮呈現粉紅或是淡棕色，可能是香味最為強烈的葡萄品種，酸度較低。
使用方法	個性獨特，以單獨釀造為主。通常以不甜的白酒類型出現，但是也有晚摘或是貴腐的甜酒類型。
風味特性	強烈的玫瑰、荔枝、辛香料的氣味。通常酒精含量高。
主要分布地點	法國阿爾薩斯、德國、北義、瑞士、奧地利的傳統葡萄。美國加州、澳洲、紐西蘭也都有種植。

作用
品種
紅葡萄品種
白葡萄品種
生長條件
釀造

馬珊（Marsnne）

一般特色	經常被忽略的優秀品種，主要生產在法國隆河谷地北部。
品種特性	果香豐富，但是種植難度高。
使用方法	經常與胡珊（Roussanne）混合。
風味特性	香味優雅濃郁，以花香、果香和礦石的氣味為主。口感圓潤。
主要分布地點	歐洲除了法國隆河谷外，瑞士也有種植。澳洲表現極為傑出

米勒‧圖高（Muller-Thurgau）

一般特色	這是由麗詩鈴和希爾瓦納人工配種的品種，具有麗詩鈴的耐寒，和希爾瓦納的高產量和早熟。是德國種植面積最廣的品種。
品種特性	口感柔順，香氣的表現以果香為主，但是酸度和細緻度不如麗詩鈴。
使用方法	單獨使用較多，經常釀造出不甜到中度甜味的普通白酒。
風味特性	清澈的果香，類似青蘋果、柑橘，也帶些花香。
主要分布地點	中歐地區以德國、奧地利、北義大利、瑞士、盧森堡為主，紐西蘭的表現相當出色。

白皮諾（Pinot Blanc）

一般特色	源自勃根地的古老品種，是黑皮諾的變種。
品種特性	香味濃郁多變，年輕時清爽可口，陳年後餘韻綿長。
使用方法	單獨釀造居多，一般的白酒外，也生產汽泡酒。
風味特性	以優雅多變的果香為主，像是青蘋果、水梨、桃子、柑橘或蜂蜜的甜香。
主要分布地點	法國主要在勃根地和阿爾薩斯地區；此外在歐洲的德國、奧地利、北義大利、匈牙利、捷克都有分布，美國加州和加拿大也有種植。

灰皮諾（Pinot Gris）

一般特色	同白皮諾相似，也是源自勃根地的黑皮諾變種。在不同國家經常有不同的名稱。
品種特性	低酸度、香味豐富，果皮顏色較一般的白葡萄深，所以成品酒色也較重。
使用方法	單獨釀造居多，除一般的白酒外，也生產汽泡酒、貴腐酒。
風味特性	香氣馥郁甜美，以果香和香料的辛香。口感緊緻。
主要分布地點	法國最主要產區在阿爾薩斯地區；中、東歐國家幾乎都有種植，像是德國、奧地利、瑞士、北義大利、羅馬尼亞、匈牙利、捷克等；美國則以奧勒岡州表現相當傑出。

希爾瓦納（Sylvaner）

一般特色	德國和奧地利的傳統葡萄品種，早熟、產量高，表現穩定。適合德國寒冷的氣候。
品種特性	中度酸味，入口清新順暢，香味以果香為主。
使用方法	單獨使用較多，以釀造帶有甜味的白酒居多。也有貴腐酒類型。
風味特性	以青蘋果、桃子、柑橘、甜瓜等果香為主。
主要分布地點	除德國、奧地利之外，歐洲以瑞士、法國阿爾薩斯較常見，美國加州和澳洲也有種植。

維歐尼耶（Viognier）

一般特色	維歐尼耶產量低，容易染病，即使在原產地的法國隆河谷地北部，也只有少量種植。
品種特性	酸度不高，口感柔軟，香味十分吸引人。
使用方法	多釀造不甜的白酒，但是也有遲摘的甜酒類型。
風味特性	花香和果香最引人喜愛，其中，紫羅蘭、桃、杏香味最為常見。
主要分布地點	在法國隆河谷地外，加州和澳洲也有栽種，但成果不盡理想。

作用　品種　紅葡萄品種　白葡萄品種　生長條件　釀造

葡萄生長的條件

釀酒葡萄是一種溫帶農產品，在地圖上可以發現優良葡萄酒的產地，大多位於南北半球30~50度的位置。這個位置也相當於等溫線10℃~20℃的範圍。除了氣候的影響，土壤成分、海拔高度和坡地的面向，以及鄰近的河川、湖泊都會影響並決定葡萄酒的品質。

氣候

氣候影響葡萄生長優劣，良好的氣候條件如充足日照、適時適量的降雨、四季分明的天氣變化，使得葡萄能有較佳的生長環境。

條件 1 氣溫

葡萄屬於溫帶植物，最適宜的生長溫度大約在10℃~20℃。寒冷的天候除了果實無法成熟外，葡萄也容易凍死。而在熱帶地區，葡萄易受病蟲害侵襲，炎熱的天氣更讓葡萄生長過快，味道鬆散，釀出來的酒淡而無味。

通常紅葡萄的生長環境要比白葡萄炎熱一些。而各種不同的葡萄品種也有各自不同的溫度要求，像是同樣為紅葡萄的黑皮諾，適合生長的溫度要比希哈涼爽些。

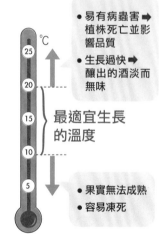

- 易有病蟲害 ➡ 植株死亡並影響品質
- 生長過快 ➡ 釀出的酒淡而無味

最適宜生長的溫度

- 果實無法成熟
- 容易凍死

INFO 年分的意義

年分是指葡萄酒是用哪一年所採收的葡萄所釀造。由於採收的葡萄會因為該年度的氣候條件而影響了葡萄的品質，進而影響葡萄酒的風味。在買酒的過程中很容易發現，兩支同樣的葡萄酒，僅因為不同的年分而有不同的價格，特別是所謂的好年分，價格更是有顯著的差距。所謂的好年份是指風調雨順的一年，葡萄在上蒼的眷顧下，有充足的陽光，適時適量的雨水，讓葡萄藤上每一串都是高品質的葡萄。好年份的酒，通常會有較濃郁的香味，更經得起陳年。但是各種葡萄所需要的天氣狀況不盡相同、成熟時期也有先後，因此年分僅可以當作參考，不是絕對的權威。

條件 2 日照

葡萄的品質和日照的長短有很大的關係，陽光可以讓葡萄進行光合作用，產生生長所需要的能量外，更可以讓果實成熟，果皮的色素更豐滿，讓葡萄有飽滿的色澤和濃厚的香味。

在緯度較高的寒冷區域，像是法國的阿爾薩斯、德國等地，葡萄通常會種植在向陽的坡地，主要的原因就是要獲得較充足的日照。

充足的日照雖然對葡萄進行光合作用很重要，但是過強的日照也會灼傷葡萄，使葡萄受損，反而不利於光合作用。柔和的日照才最適合進行光合作用。

條件 3 降雨的季節

葡萄生長需要水分，水分的多寡與下雨的時機，都會影響葡萄的收成品質。

在北半球的3~5月，必須有充足的雨水，才能讓葡萄藤在春天發芽生長。接下來花開的5、6月，若是頻繁下雨很容易沖洗花粉，造成受粉不完整，讓果實產量下降或是品質不佳。最後，在果實成熟的6~9月，需要水分讓果實飽滿多汁；但是過量的雨水卻會讓果實中的水分過多、果汁的風味淡薄。

條件 4 天氣變化

溫帶地區鮮明的四季變化可讓葡萄果實發展出飽滿的氣味，但這些地區在季節交替的時候，通常有劇烈的天氣變化，有可能帶給葡萄難以彌補的傷害。像是四、五月，晚春時常發生霜害。此時葡萄藤剛剛發芽，嚴重的凝霜會凍死幼芽，形成歉收。而秋天的濃霧與雨水，不但會造成採收的難度，更會促使黴菌生長，導致果實腐敗，無法收成。

土地

土地的岩層或沙土結構和礦物成分影響葡萄甚鉅，不但關乎葡萄能不能健康成長，也左右酒的風味，許多著名酒莊都有特殊的土地結構。

影響原因 1 土壤

葡萄幾乎可以生長在任何一種土壤上，由於土壤裡不同的礦物質組合，連帶地影響葡萄表現出不同的風味。這些結構不同的特殊土壤，也是許多葡萄園之所以珍貴的原因。

基本上釀酒用葡萄種植在肥沃的土地上，枝葉生長茂密，但收成的果實品質卻不適合釀酒。而生長在所謂貧瘠的土地時，卻表現最好。因為在這種充滿沙土、石礫的土地上，蓬鬆的土質不但有益排水，也讓葡萄的根部容易伸展，較少產生病蟲害。

| 種植於肥沃土地 | ➡ | 收成果實不適合釀酒 |
| 種植於貧瘠土地 | ➡ | 收成果實適合釀酒 |

影響原因 2 地理條件

緯度的高低，表達出大面積的氣候狀況。但是地表起伏、水域分布卻會讓每個小區域的氣候條件有很大的差異，影響葡萄的生長。

像是天氣炎熱的地區，收成的葡萄甜度經常過高、酸度低，口感鬆散，不容易有耐人尋味的口感。但是同緯度的山坡地，氣溫較為涼爽，葡萄的品質通常較平地高。

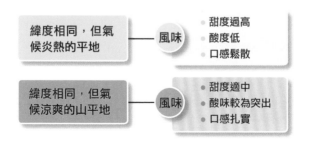

| 緯度相同，但氣候炎熱的平地 | 風味 | • 甜度過高 • 酸度低 • 口感鬆散 |
| 緯度相同，但氣候涼爽的山平地 | 風味 | • 甜度適中 • 酸味較為突出 • 口感扎實 |

3 坡地面向

種在坡地上的葡萄園，山坡的面向可能關係著葡萄的品質。像是在德國、法國勃根地北部、阿爾薩斯等高緯度，氣溫寒冷的產酒區，優質葡萄園經常在坡地向陽面的南方或東南方。處於這個面向的葡萄園除了可以享有更多的日照外，在冬天也不必直接面對足以凍死葡萄藤的北風。當然，在溫暖的產區，葡萄園是否向陽並不是一個重要因素。

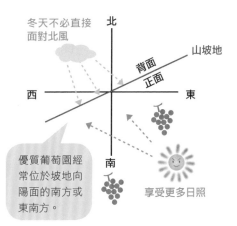

 4 河流、湖泊地形

河流與湖泊一方面可以當作灌溉水源，另一方面對氣候有調節的作用。

調節氣候

湖泊、河流在白天吸收熱量，讓鄰近地區白天的溫度不至於太高；夜間，吸收日光溫暖的水流可以讓夜晚不至於太寒冷。水域調節區域溫度的能力，可以減少過度劇烈的氣溫變化傷害葡萄的生長。

助於葡萄發展

水域附近容易有霧氣產生，夏天清晨的霧氣，葡萄的葉片可以吸收充足的水分，有助於葡萄發展。對於貴腐酒而言，秋末的雲霧是不可缺少的。高溼度的空氣，是貴腐菌生長的必要條件，湖畔或是河畔的條件，可以增加製作貴腐酒的機會。

對於高緯度缺乏陽光的地區葡萄園，水域的存在或許更重一些，因為光滑的水面可以反射陽光，讓光線更為充足。

 產量控制

不同品種的葡萄於單位面積上產出的果實數量都不盡相同。一般來說，單位面積產量愈高，葡萄無論是在香味的豐富、口感的醇厚度等各方面品質都愈差。因此，在葡萄開花後，果農都必須修剪過多的花苞，以免結出過量的果實，影響品質。為了控管品質，許多傳統的釀酒國家如法國、西班牙對於葡萄園單位面積的產量，都有法規加以限制。

葡萄酒如何釀造

依據不同的釀造方式，可以將葡萄酒簡單區分為靜態酒、汽泡酒和強化酒三種。不同類型的葡萄酒釀造方法看似大同小異，事實上因不同的小細節，卻能夠釀造出風味迥異的美酒。如靜態酒的紅、玫瑰紅和白葡萄酒所強調的風味重點，是在釀造的過程中些微的步驟差異，小心翼翼發展出來的。

了解基本的釀酒每個處理過程所要達到的目的，可以協助理解各種不同葡萄酒的特性，進而知道如何品賞葡萄酒。

葡萄酒的釀造法

白葡萄酒的釀造過程 —→ P.73

採收　碾壓榨汁　澄清　發酵　乳酸發酵　添加二氧化硫

裝瓶　調和　酒槽培養　過濾

紅葡萄酒的釀造過程 —→ P.76

採收　去梗榨汁　浸皮　發酵　乳酸發酵　果皮榨汁

裝瓶　調和　過濾　橡木桶成熟　添加二氧化硫

汽泡酒的釀造過程 —→ P.81

採收　碾壓榨汁　發酵　調配　裝瓶　瓶中發酵　轉瓶　去除酵母　補量和調整味道

強化酒的釀造過程 —→ P.84

採收　發酵與終止發酵　橡木桶熟成　混合調配　裝瓶

白葡萄酒的釀造過程

相對於紅葡萄酒，白酒有更細緻、清爽的口感。在釀造的過程中，可以發現酒廠必須注意哪些細節，釀酒師運用了不同的技巧，來控制各種香味和口感的變化，發展白酒的清新爽口。

➔ 白葡萄酒就是這樣釀造的

對於沒有大量單寧支撐的白葡萄酒，酸味是品嚐的重點，除了保留果汁中的蘋果酸外，通常會利用乳酸菌分解蘋果酸進行乳酸發酵，讓酸味更柔和。

Step 1 採收

白葡萄比紅葡萄更容易氧化，在採收的過程，必須特別注意保持葡萄的顆粒完整，避免汁液由破裂的果實中流出、氧化，而影響酒的品質。所以，白葡萄有較高的比例，採用手工收成。

Step 2 輾壓榨汁

容易氧化的白葡萄，採收後必須儘快送到酒廠進行榨汁。白葡萄榨汁要特別謹慎控制壓力的大小和速度，避免過大或過快的擠壓，以免帶出過多的苦味、澀味影響白酒細緻的風味。

> 同時間，釀酒師必須決定是否要將梗和果皮浸泡在果汁中，藉此釋放出更多的單寧，讓酒的風味更加豐富；或是去梗處理，避免過多的單寧產生乾澀感。

Step 3 澄清

在進行發酵之前，葡萄汁中可能還會有葡萄渣、沙土等雜質存在，影響發酵品質，必須將雜質過濾出來。

> 在進行發酵時，會有二氧化碳氣泡產生，雜質隨著氣泡起浮，不容易沉澱，所以澄清的過程必須控制低溫來減緩發酵過程。

作用

品種

紅葡萄品種

白葡萄品種

生長條件

釀造

Step 4 發酵

澄清後的葡萄汁會移置到橡木桶、或是酒槽中進行發酵。白酒細緻優雅的風味必須透過緩慢的發酵過程產生，過於快速的發酵將導致口感粗糙，因此溫度必須控制在較低的18~20℃，減緩發酵的速度。

過度的乳酸發酵會讓白葡萄酒喪失活力的香味和酸度，所以，以新鮮口感、明亮酸味取勝的酒類則會刻意避免乳酸發酵。

Step 5 乳酸發酵

有些葡萄酒會進行另一次的發酵過程，利用乳酸菌的作用，可以讓果汁中的口感較為尖銳的蘋果酸分解成乳酸和二氧化碳，讓口感更為醇厚、豐富和柔軟。同時乳酸菌可以抑制酵母菌，讓酒液中的菌種保持平衡，讓酒的穩定度更高。

Step 6 添加二氧化硫（SO2）

二氧化硫是一種幾乎沒有味道的抗氧化劑，少量的食用對人體健康也不會有任何不良影響。二氧化硫可以阻止空氣中的氧氣接觸葡萄酒，引起氧化作用，同時調整葡萄酒的酸鹼值、抑制黴菌侵蝕，避免改變葡萄酒的風味。

此外，也可以藉由添加二氧化硫來中止發酵，讓白葡萄酒中的糖分沒有被發酵分解，形成帶有甜味的白酒。

加二氧化硫

作用 1
阻止引起氧化作用，調整葡萄酒的酸鹼值、抑制霉菌侵蝕，避免葡萄酒風味遭破壞

作用 2
中止發酵，使白葡萄酒糖分沒有完全被發酵分解，形成帶有甜味的白酒

Step 7 過濾

裝瓶之前，酒液中還有許多懸浮物質必須過濾，像是：葡萄渣、酵母……等，這些懸浮物除了會讓酒色混濁外，也導致有更多意外的機會讓酒再次發酵而腐敗。

過濾的方式有很多種，可以使用換桶、濾網、離心機，或是加入皂土、蛋白質來黏著懸浮物。

過濾雖然可以讓酒色清澈，但是過度的過濾也會讓酒喪失部分風味。

Step *8* 酒槽培養

在葡萄酒裝瓶之前,通常需要將葡萄酒放進橡木桶、不鏽鋼桶、水泥槽等酒槽中讓酒成熟。

橡木桶可以讓少量的空氣進入,讓酒產生輕微的氧化,並釋放出單寧和木桶的香味,加重酒的口感。不鏽鋼桶、水泥槽能夠進入的空氣相當少,保持口感清新,可以較早飲用。

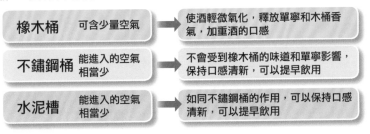

橡木桶	可含少量空氣	→	使酒輕微氧化,釋放單寧和木桶香氣,加重酒的口感
不鏽鋼桶	能進入的空氣相當少	→	不會受到橡木桶的味道和單寧影響,保持口感清新,可以提早飲用
水泥槽	能進入的空氣相當少	→	如同不鏽鋼桶的作用,可以保持口感清新,可以提早飲用

Step *9* 調和

這是指釀酒師將不同酒槽中的酒依據特性加以調配,達到釀酒師所要求的品質和風格。酒的來源有可能是同品種但是不同品質的酒、或是不同葡萄品種的酒。

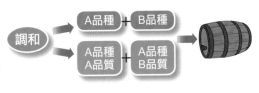

Step *10* 裝瓶

當葡萄酒達到釀酒師的要求,此時酒可以裝入玻璃瓶中了。若是裝瓶後還需要在瓶中繼續成熟,酒則會被送到酒窖中一段時間,等待成熟。若是立即可以出貨,就可以貼上標籤、裝箱。

INFO 低溫浸漬法

果皮是葡萄酒單寧和芳香物質的主要來源,但是過多的單寧和芳香物質將會破壞口感的平衡,特別是清爽的白酒。因此,必須控制葡萄皮在果汁浸泡的條件,將未發酵的果汁控制在較低的溫度可以限制上述物質的濃度和釋放速度,稱之為低溫浸漬法。

作用｜品種｜紅葡萄品種｜白葡萄常種｜生長條件｜釀造

紅葡萄酒的釀造過程

紅葡萄酒的製作流程與白葡萄酒很類似，最大差異在於浸皮的過程，目的是將果皮中的色素、芳香物質、單寧釋放到酒中。這是紅酒顏色的來源，也是為什麼紅酒通常口感較為厚實、香味較為複雜、澀味較為明顯的主要原因。

→ 紅葡萄酒就是這樣釀造出來的

和白葡萄酒釀製過程相似的紅葡萄酒，因為有更多的單寧，所以在裝瓶後要放在酒窖更長的時間，才可以出貨上市。

Step 1 採收

果皮較厚實的紅葡萄，果實不容易破裂。因此，除了採用手工收成外，相較於白葡萄，有更多機會使用機器採收，來節省人力成本。

Step 2 去梗榨汁

對於單寧含量豐富的紅葡萄來說，去梗是必須的程序。去梗可以避免梗中粗糙而大量的單寧被釋放出來，使酒味變得過於乾澀難以下嚥。

去梗的過程通常是在機器擠壓果汁時同步完成，榨汁去梗後所得的含有果汁、果肉和果皮的糊狀物則送至發酵槽發酵。

Step 3 浸皮

不同於白酒，在發酵槽中，讓果皮浸泡在尚未發酵的果汁中大約一星期參與發酵，藉此充分釋放出色素、單寧、和芳香物質，是釀造紅葡萄酒不可省略的過程。浸皮的時間愈長，所獲得的酒色將會更深重，酒味也會更濃郁。

Step 4 發酵

浸皮與發酵同時並行的。發酵過程會產生熱能和酒精，溫度和酒精濃度升高時，都會加快蘊含在葡萄皮中的各種物質釋放速度。

而釀造師也需要留意過高的溫度除了會殺死酵母菌，導致發酵終止外，釀酒的風味也會較粗糙、不夠細緻。

Step 5 果皮榨汁

葡萄汁發酵一段時間後，必須將果皮撈起來壓榨，將果皮中的酒擠壓出來。當浸泡時間很短時，果皮中壓榨出的酒液因為直接接觸果皮，因此所含的香味、單寧和顏色相對較濃，加回果皮榨汁所得的酒，可以讓酒色和香味加重。因此，決定加回多少比例會影響成品，釀酒師需斟酌並決定。

Step 6 添加二氧化硫

如同白葡萄酒釀製，添加二氧化硫是用來調整酸鹼值、抑制雜菌生長，同時間避免發酵過程中葡萄酒過度氧化。

 加二氧化硫 ➡ **阻止引起氧化作用，調整葡萄酒的酸鹼值、抑制霉菌侵蝕，避免改變葡萄酒風味**

Step 7 橡木桶熟成

高檔的紅葡萄酒通常需要透過橡木桶來熟成，橡木桶除了提供香味和單寧之外，還可以讓少量的空氣進入，產生緩慢的氧化，這個過程可以讓酒的味道更有層次、更為圓潤。

> 部分的酒液也會透過橡木桶蒸發，因此木桶中的空氣會愈來愈多，必須補充酒液避免氧化速度加快。

Step 8 過濾

紅葡萄酒也和白葡萄酒一樣，必須將剩餘的果皮殘渣、酵母等懸浮物質濾出，讓酒的外觀清澈、酒質更穩定。

> 許多高級的紅酒在過濾澄清之後，還必須在橡木桶中度過一些時間，讓酒的風味更加豐富、內斂。

作用
品種
紅葡萄品種
白葡萄品種
生長條件
釀造

Step 9 調和

釀酒師將不同酒槽中的酒依據特性加以調配，以達到釀酒師所要求的品質和風格。酒的來源有可能是同品種但是不同品質的酒、或是不同葡萄品種的酒。

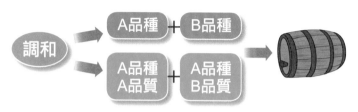

Step 10 裝瓶

與白葡萄酒相比，有更多比例的紅葡萄酒在裝瓶後仍需要在酒窖渡過幾個月，甚至於數年的時間，讓酒的風味達到適合飲用的成熟度。當紅葡萄酒的成熟度達到可以裝箱上市的標準，標籤才會貼上酒瓶。

當然，很多的上等紅酒即使上市，仍未達到巔峰，需要再放個幾年發展出更好的風味。

INFO 二氧化碳浸漬法

是指浸皮階段時，將整串完整的葡萄放入發酵槽之中浸漬的做法。此方法可使除了底層的葡萄因為重力被壓破外，大多數的葡萄仍可保持完整。由於持續進行的發酵過程會產生愈來愈多的二氧化碳，使完整葡萄因內部壓力升高而擠破葡萄皮。

同時也讓葡萄皮能在充滿二氧化碳的環境中，快速地溶解出葡萄皮中的色素，縮短浸皮時間得到所需要的酒色。這種方式釀造出來的酒成熟快速、單寧少、口感柔軟、果香味重，但是不耐久藏。著名的薄酒萊新酒即是採用這種方法釀製。

玫瑰紅酒的釀造方法

玫瑰紅酒的名稱裡雖然有玫瑰（Rose），事實上顏色相當多變化，透明度高的微紅、粉紅、橘紅，有些顏色則幾乎和紅酒同樣深厚。

玫瑰紅酒的顏色容易讓人與紅葡萄酒做聯想，事實上大部分的口感較接近於白酒，單寧含量較少，以清爽的果香、花香為主，非常容易入口，適合冰涼飲用。

玫瑰紅酒的四種釀造法

玫瑰紅酒基本上有四種不同的釀製方式，除了所需要花費的時間、金錢不相同之外，得到的顏色和口感也會有差異。

1 混合紅白酒法

將紅葡萄酒和白葡萄酒以一定的比例加以混合，很自然地可以得到玫瑰紅酒，這是新大陸許多廉價的玫瑰紅酒採用的方式。

除了靜態酒之外，法國香檳區和其他的汽泡酒產區也採用這種方式釀造粉紅色的香檳和汽泡酒。

2 發酵前浸漬果皮法

這是類似白葡萄酒的做法，使用較輕的壓力擠破果皮榨汁，並控制在低溫的環境下避免發酵。在不曾發酵產生酒精的情況下，色素的溶解變得緩慢，釀酒師更容易精準地掌握所需要的品質。

在歐洲以外的國家，以及法國的隆河谷地南部普遍使用發酵前浸漬果皮法。

3 直接壓榨法

將一整批的紅葡萄直接擠壓取汁，葡萄汁會溶解果皮中少部分的色素，隨著果汁流出來，葡萄汁將呈現淺淺的紅色。之後依照釀製白酒的方式處理，可以獲得幾近透明的淺粉紅色玫瑰紅酒。

作用 品種 紅葡萄品種 白葡萄品種 生長條件 釀造

3 帶皮發酵法

這是比照一般紅酒的做法，不同的是玫瑰紅酒不經過橡木桶，因此保有新鮮的果香，所需的熟成時間也較紅葡萄酒短。

做法是以輾壓後的紅葡萄果汁、果肉和果皮共同發酵1~3天，再將果皮分離，繼續其他釀酒的步驟。在果皮的浸泡時間較紅葡萄酒短的情況下，可以獲得果皮部分的色素和單寧。

在玫瑰紅酒當中，以這種方法獲得的酒擁有較深的顏色和稍多的單寧，口味也較厚實。

橡木桶在釀酒過程中所產生的作用

葡萄酒在橡木桶中熟成是種非常複雜的化學變化，在這個過程中，橡木桶釋放出更多的單寧和芳香分子，讓酒可以經得起陳年，風味更加多元而深厚。

但是，橡木桶含有的單寧相當粗糙，必須經過乾燥或是燻烤的過程來軟化。而燻烤帶給橡木桶芳香分子另一個驚喜，可以和葡萄酒結合產生奶油、香草、巧克力、咖啡……等複雜香味。

橡木桶另一個功能是提供適度的氧化。橡木的組織可以讓少量的空氣通過，讓空氣中的氧與葡萄酒中的成分結合，產生新的化學物質。過度的氧化會讓酒失去活力、酸化，甚至於腐敗；但是適度、緩慢的氧化過程卻是可以讓葡萄酒中原本新鮮的果香轉化成更沉靜、更有層次的香味，並軟化單寧的乾澀感，讓入口感覺更為溫潤。

橡木桶固然帶給葡萄酒許多好處，但是屬於清爽、細緻類型的酒並不適合使用橡木桶。因為橡木桶提供的濃厚氣味將會壓制纖細優雅的酒香，失去清新爽口的特性。此外，劣質或是處理不當的橡木桶也可能產生霉味或是讓酒腐敗。

汽泡酒的釀造過程

充滿歡樂氣氛的汽泡酒，有新鮮的果香、充滿活力的酸味，當然最迷人的是一顆顆、小小的汽泡在舌尖迸開的刺激感。不同的釀造法將影響汽泡是粗大或是細緻，而帶來完全不同的口感，同時也決定了汽泡酒的價值。

汽泡酒的釀造方式有香檳製造法、直接加入二氧化碳法和瓶內直接發酵法，如下：

香檳製造法（瓶中發酵）

這是法國香檳區的法定方式，特色是讓酵母菌在裝瓶後進行第二次發酵，這種方法可以得到最為細緻、持久的汽泡。其他優良的汽泡酒產區也採用這樣的程序，在標籤上可以發現香檳製造法（Méthode Champenoise）的字樣。

Step 1 採收

新鮮的果香和充滿活力的酸味是汽泡酒的特色，因此葡萄不必太成熟就必須採收。採收的過程要特別小心，避免果皮破裂造成氧化，喪失細緻的風味。相較於紅葡萄酒，汽泡酒更經常使用手工採收，保持葡萄的完整。

Step 2 輾壓榨汁

精緻優雅的氣泡酒在大多數的情況下使用整串完整的葡萄壓榨，減少氧化或是色素的溶解。同時在榨汁時使用的力道特別輕，避免過度的壓力帶來粗糙的口感。

Step 3 發酵

汽泡酒的發酵過程和白酒相似，必須讓葡萄汁在較低的溫度下發酵，減緩發酵過程，發展出細緻優雅的風味。也進行乳酸發酵和過濾澄清等動作來穩定酒的品質。

Step 4 調配

為了要保持品牌風格的一致性，汽泡酒通常使用不同年分和產區的葡萄酒調配，釀酒師必須使用數十種不同的酒，細心調配出一致的風格。

此外，還必須添加適度的糖分和酵母在酒中，讓裝瓶之後的酒能夠在瓶中第二次發酵。

Step 5 瓶中發酵

汽泡酒最為迷人的泡泡，是瓶中發酵時所產生的二氧化碳被保留下來。因為逐漸增加的二氧化碳，在瓶子內部產生三個大氣壓以上的壓力，巨大的壓力迫使二氧化碳溶解在酒液之中。發酵的原料是來自額外加入的糖和酵母。

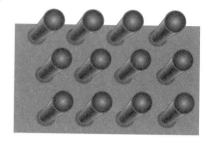

Step 6 轉瓶

瓶中發酵除了製造二氧化碳的泡泡之外，汽泡酒的香味也是在這個階段發展完成。但是酒瓶中死去的酵母菌卻會形成沉澱物，累積在瓶底。

由於汽泡酒無法打開瓶蓋進行換瓶，沉澱物在過去是使用人工轉瓶的方式去除，現在已經有機器代勞。每一天有專人轉動酒瓶八分之一圈，並且稍微抬高瓶底，倒插入A型酒架上。經過三個星期之後，酒瓶成為倒立狀，所有的沉澱物都集中在瓶口，方便清除。

Step 7 去除酵母

為了保存汽泡酒珍貴的泡泡，打開瓶蓋，除去沉澱在瓶口的酵母，必須非常小心。採用的方法是將瓶口倒插入零下30°C的冰鹽水中，讓瓶口的酒結冰。再開瓶，利用瓶中的壓力將結冰的酒和酵母噴出來。

Step *8* 補量和調整味道

最後的步驟是要補充除酵母時所損失的酒，以及加入不同分量的糖來調整汽泡酒的甜度。因為壓力很大，所以瓶口封上了軟木塞之後，還要用鐵絲固定，確保安全。

直接加入二氧化碳法

使用香檳製造法製作汽泡酒，費時費工，成本很高。所以也有酒廠採用像製造汽水一樣的方式，以機器施壓直接加入二氧化碳到酒裡面，讓二氧化碳溶解在酒中形成泡泡。這樣的汽泡酒泡泡顆粒非常大、消失很快，口感十分粗糙。

瓶內直接發酵法

這是一種古老的釀酒方法，在意大利、和法國某些地方依然使用，其中最有名的就是義大利的阿斯提汽泡酒（Asti Spumante）。

方法是在密閉的發酵槽內發酵，故意降低發酵的速度，並在過程中不斷地澄清和過濾。最後將清澈但是仍然保留適當糖分的酒裝瓶，讓剩餘的糖分在瓶中繼續發酵，產生汽泡，而不必再清除沉澱物。

這種方式特別適合蜜思嘉葡萄，可以製作出香味特殊，口感細膩的汽泡酒。

年分香檳（Vintage Champagne）

香檳通常調配2～3個不同年分的葡萄酒，來達到各品牌想要表現的風格，所以大部分的香檳標籤上和一般的紅、白葡萄酒不同，不會標上採收年份。

但是在葡萄收成狀況特別好時，也就是所謂的好年分，釀酒師將會採用單一年分採收的葡萄製作香檳，稱為年分香檳，這時候標籤上會註明收成的年分。

強化酒的釀造過程

強化酒的基本釀製方法都是在發酵過程中，添加酒精濃度高達40％以上的烈酒，如白蘭地，提高酒精濃度，中斷發酵進行。

加入的酒精除了提高酒精度、中斷發酵外，也保留未曾發酵分解的甜分，並強化香味和陳年的潛力。

強化酒就是這樣釀造出來的

強化酒是葡萄酒中較特殊的類型，除了有較高的酒精，製作過程通常混合不同年分的酒體，因此風味上相當飽滿強勁。

Step 1 採收

強化酒釀造方式非常多，也造就出各種不同的風格。但是，無論哪種強化酒，口味都比一般的紅、白酒強烈，酒精度也比較高，通常帶一些甜味。

因為通常強化酒的製作會選擇成熟度高的葡萄，甚至於有些強化酒在採收之後，還特別加以日曬來濃縮甜度，加強風味。

Step 2 發酵與終止發酵

強化酒的發酵過程和一般靜態酒最大的不同在於，發酵時加入白蘭地之類的烈酒，將酒精度提高到17％以上酵母菌無法存活的濃度，強迫發酵過程終止。此時，酒中還殘留尚未發酵的糖分，所以大多數的強化酒是甜的。

若是在酵母菌已經將大部分的糖分發酵後，再加入烈酒終止發酵，這時強化酒則呈現不甜的口味。

Step 3 橡木桶熟成

酒精度高的強化酒，品質穩定可以經得起陳年，適合在橡木桶中慢慢的培養。陳年的過程中，強化酒會發展出更為香濃，而且富有層次和變化的香味。各種不同的強化酒有不同的熟成時間，有些只是短暫的在橡木桶中培養，有些強化酒甚至經過數十年的熟成時間。

Step 4 混合調配

強化酒必須調配不同年分的葡萄酒，以使每年的成品表現一致。由於釀造的葡萄汁包含了新舊的各種年分，各自氧化的程度不同，風味更為複雜飽滿，也形成強化酒獨特一幟的風味。

INFO 索雷亞混合法（Solera system）法

將酒桶堆成五層高，年分依序而下，底層酒桶的年分最老。每年裝瓶時只取最底層的1/3份量，並依序由上一層的酒補充底下的一層。經年累月下來，每一層的酒所混合的年分都難以估算。雪莉酒便是採用索雷亞混合法（Solera system）。

······ 剛發酵完成

······ 年分最老可裝瓶

雪莉酒（Sherry）的種類

屬於強化酒的雪莉酒基本上可以分為兩大類—Fino類和Olorosos類。

◆ **Fino類型**
屬於酒精度低（約17～18％）、清爽型的雪莉酒，擁有清新的果香和堅果香，適合冰涼在6～8℃飲用。

◆ **Olorosos類型**
香味濃郁、酒精度較高（18～20％），口感相對厚重。適飲的溫度稍為高一些，大約在12℃～15℃。

年分波特酒（Vintage Port）

波特酒通常以各種不同年分的葡萄酒調配而成，在某些特別好的年份，也挑出品質最好的葡萄，釀造單一年分的波特酒。
珍貴稀少的年分波特酒，不足年產量1％，必須先在橡木桶熟成兩年後才可以裝瓶，而裝瓶之後必須陳放五年才可以上市，具有陳年四十年的潛力。顏色深沉、口感精細圓潤，是最好的餐後酒之一。

作用

品種

紅葡萄品種

白葡萄品種 生長條件

釀造

葡萄酒產地

各國氣候、土壤等自然環境的差異、葡萄品種與種植技術也不同，加上各民族對於葡萄酒風味的不同偏好，在以上種種因素的交錯影響之下，產生了許多佳釀。影響葡萄酒成為佳釀的原因很多，讀者如果要入門，可以回歸到最基本的風土環境去學習，從中尋找影響葡萄酒風味的因素，並透過各國的葡萄酒釀造法規去了解各國對葡萄酒釀造上的不同思維，進而找出葡萄酒風味差異的原因。

本篇教你

- 各國葡萄酒產區及特色
- 各國葡萄酒法規與分級方式
- 使用葡萄品種
- 重要年分與酒莊

法國

提到葡萄酒就不能不提到法國，除了經常保持產量世界第一外，品質更具有無可動搖的地位。不但擁有世界最多的頂級酒莊，風格更是多樣且經典，這也難怪波爾多（Bordeaux）、勃根地（Burgundy）、香檳（Champagn）、隆河（Côtes du Rhône）……等光芒萬丈的產區，一直是新興世界葡萄酒想要模仿和超越的巨人。

法國的主要產酒產地&產區

法國葡萄酒主要產區如下：

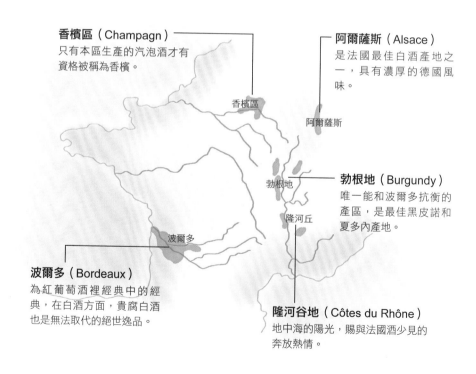

香檳區（Champagn）
只有本區生產的汽泡酒才有資格被稱為香檳。

阿爾薩斯（Alsace）
是法國最佳白酒產地之一，具有濃厚的德國風味。

勃根地（Burgundy）
唯一能和波爾多抗衡的產區，是最佳黑皮諾和夏多內產地。

波爾多（Bordeaux）
為紅葡萄酒裡經典中的經典，在白酒方面，貴腐白酒也是無法取代的絕世逸品。

隆河谷地（Côtes du Rhône）
地中海的陽光，賜與法國酒少見的奔放熱情。

香檳區

阿爾薩斯

勃根地

隆河丘

波爾多

解讀法國葡萄酒標

法國酒的類型眾多，各產區都有自己特殊的分級制度，因此酒標十分複雜。
法國酒標通常會具備以下幾種元素：葡萄酒名、酒莊名、葡萄酒分級、年分、裝瓶者等資訊。在辨識酒標時，可以先由大字看至小字，最大字的通常是這支酒的最重要資訊，包括產區名、酒莊名、酒廠名、村莊名、葡萄園名等。例如在波爾多會是酒莊名；勃根地或是隆河谷地則可能是村莊名或葡萄園名。接著再看酒標上的酒莊或是酒廠名，大概就可以了解這支酒的風格或是價值。

法國
德國
義大利
西班牙
美國
阿根廷
智利
澳洲
紐西蘭
南非

酒名

通常會以最大的字體做標示。酒名通常是以酒莊名、酒廠名、村莊名、或是葡萄園名…方式命名。
這瓶酒的酒名是Châteauneuf-du-Pape（教皇新堡），是隆河谷地的一個村莊，隆河谷地傳統上以村莊名來命名。

酒莊名

代表生產葡萄酒的生產者名，在酒標上通常以大字標明。
這瓶葡萄酒的酒莊名為「Domaine du Pegau」。Domaine是酒莊的意思，Pegau是一種老酒甕。

葡萄酒分級

用來標明葡萄酒的等級。法國葡萄酒共有四種分級制度（參見P91）。AOC法定產區為最高等級。
這瓶酒為ＡＯＣ法定產區酒（APPELLATION CHATEAUNEUF-DU-PAPE CONTRÔLÉE），表示這瓶酒的葡萄品種、釀製過程符合隆河產區教皇新堡村（Châteauneuf-du-Pape）的規範，具有該村莊的品質和風味特色。

酒莊地址

記錄出廠的公司名稱與地址。通常會出現在標籤下方，以小字標明。

裝瓶者

Mise en Bouteille au Domaine（生產者裝瓶）是指這瓶酒在原酒莊裝瓶，表示從種植葡萄開始一直到所有釀酒、裝瓶、出廠都由酒莊處理。一般較能展現產地特色與生產者的性格與特徵，有品質保證的意涵。

法國酒標常見用詞

分類	法文	中文
釀造者	Cave Cooperative	釀酒合作社
	Château	城堡酒莊，經常特指波爾多地區酒莊。
	Clos	酒莊
	Domaine	酒莊
釀造的葡萄	Blanc de Blancs	以白葡萄釀的白酒
	Blanc de Noirs	以黑（紅）葡萄釀的白酒
	Vieilles Vignes (VV)	老藤；意味著葡萄來自於年老的樹藤。
甜　度	Brut	非常不甜；是常見的香檳類型，每公升酒的含糖量不得高於15公克。
	Sec	不甜；相當於英文的Dry。
	Demi-sec	微甜
	Vin Doux Naturel	天然甜味葡萄酒，保留糖分的強化酒
色　澤	Blanc	白色
	Noir	黑色
	Rosé	玫瑰；玫瑰紅酒
	Rouge	紅色；紅葡萄酒

認識AOC的酒標標示

法國AOC的標示看似複雜，但只要掌握以下原則，就能初步了解一瓶酒的風格與價值。酒標所標的產地名稱範圍愈小、愈精細，常表示酒的品質愈優良。例如在酒標AOC中顯示出較大的地區波爾多（Bordeaux），則不如標示出位於波爾多的梅多克（Médoc）產區來得有特色。但是酒標上若是標是出梅多克產區的Sanit Estéphe村，則又更有獨特風格。

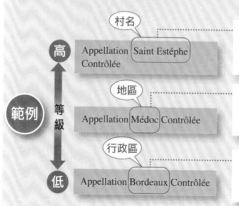

村名
高
Appellation Saint Estéphe Contrôlée

表示這瓶酒是依據梅多克產區的Sanit Estéphe村法規下釀製的酒，以Sanit Estéphe村命名，等級最高。

範例　等級

地區
Appellation Médoc Contrôlée

表示這瓶酒是依據波爾多的次產區梅多克（Médoc）法規下釀製的酒，以梅多克地區命名，等級是次低。

行政區
低
Appellation Bordeaux Contrôlée

表示這瓶酒是依據波爾多地方法規限制下所釀造，以波爾多行政區命名，在AOC等級最低。

法國葡萄酒的分級方式

法國葡萄酒共分為四級，每一等級依照遵循法規的嚴謹度有不同的區分，最重要也最高級的為法定產區酒（Appellation d'Origine Contrôlé），簡稱為AOC。從標籤的標示可以很清楚地辨明葡萄酒的等級與品質。

1 AOC （Appellation d'Origine Contrôlée）

法定產區酒（AOC）：是指包括產地、葡萄品種、種植方式、葡萄種植的密度、產量、採收的成熟度、釀造過程、酒精含量……，均受AOC法規的嚴密規範，來確保這瓶酒有該產地的一貫風味和品質。是法國官方的最高等級，約占法國葡萄酒產量的一半以上。

在酒標上的標示為：「Appellation d'（產區地名）+Contrôlée」，由於法國的各產區又各自有分級的方式，因此，一般來說，AOC所標示的地名，如果產地範圍愈小，表示葡萄酒的等級愈高。

2 V.D.Q.S. （Vin Délimités de Qualité Supérieure）

地區優質酒（V.D.Q.S）：是指符合法國葡萄酒法令品質特優的地區酒，包含葡萄酒的產地、葡萄品種、種植方式、釀製方式等均符合V.D.Q.S相關法規的規定。

僅次於AOC的等級，經營歷史不長或是知名度不高的產區，在升級為AOC之前會先給予的V.D.Q.S等級。產量不多，大約占法國總產量的1%。.

酒瓶上的標示為：「Appellation+（產地區名）+Qualité Supérieure」。

3 Vin de Pays

地區佐餐酒（Vin de Pays）：是指優質餐桌酒之意，只要是符合產地規定的葡萄品種，並達到規定的酒精濃度，沒有其他太多的嚴格規範，也不一定要釀造出符合傳統風味的作品，讓釀酒師或酒莊可以盡情發揮，釀造出物美價廉的作品。產量大約是法國總產量的三分之一。

酒瓶上的標籤方式為：「Vin de Pays+（產區名）」。

4 Vin de Table

佐餐酒Vin de Table：是指廉價的日常飲用餐酒，不一定要使用酒瓶包裝。葡萄的來源可以是法國境外的歐盟國家，只要是在法國裝瓶即可。因此此不可以標示出產區、品種、年分，也不可以城堡（Chôteau）命名。產量約為12%。

酒瓶上的標籤方式為：「Vin de Table」。

法國
德國
義大利
西班牙
美國
阿根廷
智利
澳洲
紐西蘭
南非

法國產區1 波爾多Bordeaux

全世界公認頂級葡萄酒產區，也是法國最大、最重要的葡萄酒產區。以卡本內·蘇維儂混合梅洛調配的波爾多風格，以極為優雅、內斂、耐久藏…等特性風靡全球酒迷，被推崇為紅酒中經典中的經典，更讓新世界的葡萄酒的新秀們競相模仿；白酒表現雖然沒有紅酒耀眼，但是南部的索甸及巴薩克（Sauternes & Barsac）產區以榭密雍、白蘇維儂釀製的貴腐白酒卻是全球最佳貴腐酒產品之一。

生產的酒類
- ☑ 紅酒　☑ 白酒
- ☐ 玫瑰紅酒
- ☐ 汽泡酒
- ☐ 強化酒

波爾多葡萄品種

紅葡萄品種

卡本內·蘇維儂 （Cabernet Sauvignon） →表現出內斂高雅的特色，以黑色的漿果香為主。	**梅洛（Merlot）** →為聖愛美濃和玻美侯的紅酒主要原料。以玻美侯地區的口感表現最為精采，表現出難得的細緻和扎實。
卡本內·佛郎 （Cabernet Franc） →為波爾多重要的配角，經常散發漿果、紫羅蘭、木香或是礦石的氣息，讓酒香更為豐盈。	**小維多（Petit Verdot）** →顏色、單寧和香味都相當深重，是波爾多常見的配角。

白葡萄品種

榭密雍（Sémillon） →香味平淡、酸度低、甜度高，製作不甜的白酒時，表現平平。但是在索甸地區，卻是貴腐酒的主要品種，口感十分濃郁香甜。	**白蘇維儂（Sauvignon Blanc）** →波爾多不甜的白酒，通常以白蘇維儂釀造，清爽可口。或是與最佳搭檔榭密雍合作。

波爾多的特色

波爾多最為國人所熟知的是所謂的五大酒莊，波爾多以生產古典、精緻、耐久藏等特性的頂級紅酒聞名世界。事實上，涼爽穩定的氣候，豐富多樣的土質，不但讓波爾多成為全世界最著名的產酒區，也生產多樣風格的葡萄酒。除了可以陳年20～30年的頂級紅酒之外，日常飲用的紅、白酒、不帶甜味的白葡萄酒，以及甜膩豐厚的貴腐酒，都可以在波爾多找到。

 ## 產區說明

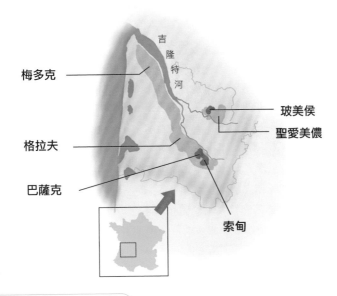

梅多克

吉隆特河

格拉夫

巴薩克

玻美侯

聖愛美儂

索甸

 ## 地理位置

波爾多產區坐落在法國西南邊的大西洋沿岸，行政上屬於吉隆特省（Gironde）。溫暖的墨西哥灣洋流經過臨近海岸，賜與波爾多相較於同緯度的溫帶區域，享有更長、更溫暖的夏季，也降低嚴酷的冬天和春天帶來霜害的機會，溫暖的氣候非常適合葡萄生長。

高低起伏的地形變化為其優勢。貫穿整個波爾多地區的吉隆特河帶來水氣和溫差變化，形成波爾多多元的微氣候，提供葡萄細微的風味變化。

重要產區

吉隆特河與兩大支流加隆河、多爾多涅河將波爾多地區分為左岸（吉隆特河與加隆河南岸）、右岸（吉隆特河與多爾多涅河北岸）、和兩海之間（加隆河與多爾多涅河之間）三個地理區塊。

其中左岸著名產區由北而南為梅多克（Médoc）、格拉夫（Graves）、索甸及巴薩克（Sauternes & Barsac）；右岸主要產區有玻美侯（Pomerol）聖愛美儂（Saint-Émillon）；和兩海之間則生產日常飲用的紅白酒為主。

梅多克（Médoc）

在吉隆特河左岸，波爾多市北方位置，是波爾多最著名的產區。以結實、細緻、內斂、均衡的經典風格著稱，優美而耐久藏。由北而有Sanit Estéphe、Pauillac、Saint Julien、Listrac- Médoc、Moulis-en-Médoc、Margaux等六個令酒迷肅然起敬的村莊。其中Pauillac村的紅酒有波爾多最為雄勁的風格，而Margaux村則是以婉約曲折的優雅擄獲世人的心。

格拉夫（Graves）

主要在加隆河的左岸，位於梅多克南方，不但有高級的紅酒，同時也生產高級白酒。相較於梅多克地區，格拉夫栽種梅洛的比例較高，因此紅酒較為圓潤、輕柔。白酒以白蘇維儂和榭密雍為主，經過橡木桶發酵，風味強勁。傳統上格拉夫產區的酒不以村莊名稱命名。

索甸及巴薩克（Sauternes & Barsac）

位於格拉夫的南方。水流冰冷的小支流Ciron河在此與溫暖的加隆河會合，河水的溫差經常在秋天引發大霧，提供貴腐菌生長的優質環境，造就索甸成為全世界最優良、最著名的貴腐酒產區，以榭密雍（Sémillon）為製作貴腐酒的主要品種，口感十分濃郁香甜。而巨星中的巨星則是非Chéteau d'Yquem酒莊莫屬。鄰近的巴薩克產區通常甜度和香味較平淡，但是法規上也可以使用Sauternes的AOC名稱在酒標上。

聖愛美儂（Saint-Émillon）

依偎在多爾多涅河畔的聖愛美儂，以栽植梅洛為主，搭配少量的卡本內·佛郎。風格柔順、早熟。由於土壤結構複雜，生產出少量、多樣、極為昂貴的紅酒。

玻美侯（Pomerol）

位於聖愛美濃的北邊，梅洛是最主要的品種。特有的黑色黏土，造就梅洛表現出獨一無二的細緻口感，品酒師經常以「天鵝絨」形容玻美侯葡萄酒難以比擬的精巧、滑順與細膩。玻美侯是波爾多平均單價最高的紅酒產區。

波爾多的自訂分級制度

波爾多地區的優質葡萄酒遵循法國葡萄酒AOC法規釀造，為了區別這個產區的特色，波爾多的重要產區大多自行制訂更嚴格的分級制度，以下為AOC等級的重要產區自訂的分級方式：

波爾多的自訂分級方式		
重要產區	**説明**	**等級**
梅多克	梅多克以依據1855年分級的五個等級共61家酒莊最為高級，稱為列級酒莊（Grand Cru Classé）。但是有許多品質傑出，甚至於超越上述等級的葡萄酒未入選，可以標示為（Cru Exceptionnel）。	**列級酒莊**（Grand Cru Classé）依序為First Growth、Second Growth、Third Growth、Fourth Growth、Fifth Growth。
	在列級酒莊以下稱為中級酒莊（Cru Beaugeois 或是Cru Beaugeois Superieur）。	**中級酒莊**（Cru Beaugeois 或是Cru Beaugeois Superieur）
格拉夫	格拉夫真正受到重視的品質分級是被稱為列級酒莊（Grand Cru Classé）的16家酒莊。此外，依據法國法定產區AOC規定的格拉夫亦自訂為三個等級：標籤上顯示「Appellation Graves Contrôlée」是針對當地合乎標準的紅酒和不甜的白酒所做的標示；「Appellation Graves Superieur Contrôlée」是酒精度較高，通常帶有甜味的白酒；「Appellation Pessac-Léognan Contrôlée」則表示葡萄酒屬於格拉夫北方的精華地帶。	**列級酒莊**（Grand Cru Classé）
索甸及巴薩克	在這個區域由上而下分為三個等級：特級酒莊「Premier Grand Cru」、第一級酒莊「Premier Cru」、第二級酒莊「Deuxiéme Cru」。傳奇酒莊Château d' Yquem 以釀製可陳年近百年葡萄酒的獨特優異品質，是唯一的「Premier Grand Cru」等級。	**特級酒莊**Premier Grand Cru
		第一級酒莊Premier Cru
		第二級酒莊Deuxiéme Cru
聖愛美儂	聖愛美儂擁有自己的分級制度，依序是特級酒莊「Premier Grand Cru Classé」、第一級酒莊「Premier Grand Cru」、列級酒莊「Grand Cru」三個等級。其中最高級的「Premier Grand Cru Classé」又分為A、B兩個級數，A級只有Château Auson 和Château Cheval Blanc兩家酒莊入選，B級則有11家。	**特級酒莊**Premier Grand Cru Classé，又分為A、B兩級。
		第一級酒莊Premier Grand Cru
		列級酒莊Grand Cru
玻美侯	價格極為昂貴的玻美侯，擁有眾多明星酒莊，卻沒有像梅多克或是聖愛美儂擁有自己的分級制度。Château Pétrus、Château Le Pin是玻美侯地區著名的酒莊。	

波爾多酒標範例

波爾多的酒莊傳統上常會用城堡（Château）做為酒莊名，除了AOC的法定產區標示外，需特別留意波爾多許多產區都有自己的分級制度，從更為細分的法定分級中，可以得知葡萄酒屬於哪個地方產區所釀造，葡萄酒具有當地產區風土特色環境下所釀造出來的獨特風味。

❶ 裝瓶者

標明這瓶酒是原酒莊酒裝瓶還是在酒商裝瓶。Mise en Bouteille au Château（原酒莊裝瓶）表示這瓶酒是在原酒莊裝瓶，這裡是指在原酒莊瑪歌堡裝瓶，表示酒莊對品質的管控。

近20年重要年分

類型 ＼ 年份	88	89	90	91	92	93	94	95	96	97	98	99	00	01	02	03	04	05	06
紅酒		★	★					★	★		★	★		★	★	★		★	
白酒（甜）	★	★	★					★	★	★		★		★				★	
白酒（不甜）										★	★			★		★		★	

❷ 酒名

以波爾多地區的葡萄園或城堡（Château）來命名。既是酒名也是酒莊名稱。
這瓶酒是由瑪歌堡（Château Margaux）的一級酒莊釀造。

❸ 等級

是指隸屬於AOC法規下，屬於地方性的法定分級。由於波爾在等級的區分上有著比AOC法規更為嚴謹的分級，因此在酒標上也會將此特色呈現。
這裡的Premier Grand Cru Classé（特級酒莊）原是波爾多右岸中St.-Émilion產區所規定的最高等級。但是瑪歌堡習慣上也使用同樣的標示。

❹ 容量

❺ 年分

該瓶酒所使用的葡萄收成的年分。這瓶酒是採用2003年採收的葡萄所釀製的紅酒。

❻ 酒精濃度

❼ 法定產酒區AOC標示

是指葡萄酒受AOC法定產區規範所生產釀造的葡萄酒。這裡的（Appellation Margaux Contrôlée）是指由瑪歌村產區所栽培的葡萄釀造、生產的葡萄酒，具有生產者的獨特個性，比產區範圍標示為波爾多的葡萄酒更具價值。

❽ 酒莊地址

波爾多的重要酒莊與產品

酒莊名稱	Château Angélus	Château Trotanoy	Château Climens
產地	聖愛美濃	玻美侯	巴薩克
類型	紅	紅	白（貴腐）
品種	卡本內・佛郎、梅洛	梅洛、卡本內・佛郎	榭密雍
風味描述	成熟的黑色漿果香、木香，結構扎實，餘韻悠長。	辛香的黑醋栗果香、餘韻動人。	熱帶水果、柑橘、蜂蜜等香味，豐富的酸味，讓餘味有新鮮的口感。
最佳年分	89、90、92、98、00、03	82、85、89、90、98、00、04、05	83、85、86、88、90、97、01、03、05
代表作品	Château Angélus	Château Trotanoy	Château Climens

法國產區2 勃根地Burgundy

與波爾多並稱的勃根地，種植面積受到天候的限制，產量只有波爾多的四分之一。因歷史因素的關係，勃根地大多為面積狹小的獨立酒莊，與波爾多企業化經營完全不同。這裡的葡萄酒充分詮釋風土與人文的關係，保留了更多的獨特性，是法國最耐人尋味的產區。也因為天候偏於寒冷，紅、白葡萄酒以清爽、均衡、優雅表現出不同於波爾多的風格。

生產的酒類
- ☑ 紅酒
- ☑ 白酒
- ☐ 玫瑰紅酒
- ☑ 汽泡酒
- ☐ 強化酒

勃根地葡萄品種

紅葡萄品種

黑皮諾（Pinot Noir）
→勃根地是黑皮諾的故鄉，被認為是最佳產地。不以渾厚的單寧取勝，而以草莓、櫻桃、麝香等性感滋味取勝。

加美（Gamay）
→主要使用在南部的馬貢和薄酒萊地區，以薄酒萊較為精彩有名。

白葡萄品種

夏多內（Chardonnay）
→為勃根地白酒的主要品種。展現細膩的口感，在伯恩丘地區更帶有類似堅果的優雅氣息，是夏多內最佳產地。

阿里哥迭（Aligoté）
→在勃根地有少許的種植，酸味強、香氣足，經常釀成清淡可口的不甜白酒，適合日常佐餐飲用外。

勃根地的特色

勃根地位置偏北，葡萄酒無論紅、白，都以清爽、均衡取勝，十分耐人尋味，與波爾多並稱法國最佳產區。

勃根地葡萄酒的優秀表現與土壤有很大的關連性，土壤雖然以適合葡萄生長的石灰岩為主，結構上卻有如千層派，混雜層層的黏土、石灰、沙土……的丘陵地形。土質變化多端，讓鄰近的兩個村落土壤型態可能有很大的不同，這也造就出風味迥異的各種葡萄酒。

產區說明

地理位置

勃根地在法國的東部內陸，屬於大陸氣候與溫帶氣候的過度區域。由巴黎的東南方往南延伸，直到里昂西北方為止，依偎蘇因河（La Saône）右岸丘陵地形成狹長的產酒區。因為沒有海洋的調節，冬季乾燥寒冷，早春容易有霜害；至於溫暖的夏天，卻容易有冰雹的傷害，天氣條件相當嚴苛，只有在向陽面的丘陵地才有足夠的自然條件種植葡萄。

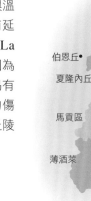

夏布利

伯恩丘●

夏隆內丘

馬貢區

薄酒萊

重要產區

長條型的勃根地，由北而南主要有五個產區：

夏布利（Chablis）

位在寒冷北方的夏布利，全部生產夏多內白酒。寒冷的氣候和特殊的白石灰岩地形導致夏多內酸味較高，口感明亮清爽，帶有檸檬、青蘋果的酸味果香，以及獨特的礦石、金屬的氣息，被認為是最適合搭配海鮮的白酒。夏多內白酒豐富的酸味，不但年輕時清爽可口，也深具陳年潛力。

金丘（Côte d'Or）

夏布利以南的金丘是勃根地最精采的產區。金丘的北邊稱為夜丘（Côte de Nuits）以生產紅酒為主，是全世界最佳黑皮諾產區。南邊稱為伯恩丘（Côte de Beaune）除了優異的黑皮諾外，更以最頂級的夏多內白酒聞名於世。

夏隆內丘（Côte Chalonnaise）

主要的葡萄品種還是以黑皮諾和夏多內為主，品質相當優異。但是無法超越的巨人鄰居——金丘，夏隆內丘在價格和風味上都以平易近人取勝。

馬貢（Mâconnais）

馬貢地區依舊是夏多內白酒為主，通常是高產量，機械採收，必須在新鮮時飲用的類型。紅葡萄品種則換成了柔順好喝的加美。

薄酒萊（Beaujolais）

位於勃根地最南邊的產區，酒的產量是其他地區總和的兩倍。以加美葡萄釀造的新酒而舉世聞名，種植面積高達99％。
大多數的產品必須年輕時飲用，順口好喝，充滿果香的活力氣息。

法國

德國

義大利

西班牙

美國

阿根廷

智利

澳洲

紐西蘭

南非

勃根地的自訂分級制度

掌握整個勃根地地區、夏布利、薄酒萊等產區的分級制度,就可以對勃根地的地方產區分級制度全貌有全盤的了解。

 勃根地

整個勃根地地區都是符合法國葡萄酒分級最高級的AOC法定產區酒,依產區自訂的分級制度可以分成五個等級:

等級 1 頂級酒莊(Grand Cru)
在AOC等級的村莊中,極為稀少的頂級葡萄園,只有在夏布利和金丘產區才有這個等級,是勃根地最高品質象徵。在標籤上不需要加上村莊名,直接使用葡萄園名稱,例如:「Appellation Montrachet Contrôlée」。

等級 2 一級酒莊(Premier Cru)
在AOC等級的村莊中,某些葡萄園有較好的生長條件,被列為一級葡萄園,在村莊名稱後會加上「Premier Cru」,例如「Appellation Meursault Premier Cru Contôlée」,也可以再加上葡萄園的名稱。

等級 3 村莊酒
在勃根地400多個村莊中,只有46個具優良風土條件、能夠釀造出獨特有風味的村莊被列為AOC等級,標籤上允許直接顯示村莊名稱,產量約占勃根地產量的三分之一,例如「Appellation Meursault Contrôlée」。

等級 4 次產區酒
等級上和產區酒相當,馬貢是唯一的次產區,酒標上會以「Appellation Mâconnais Contrôlée」標示,表示釀酒葡萄只能來自馬貢產區。

等級 5 產區酒
在勃根地AOC等級中最低的酒,規範相當簡單,只要是符合AOC規範,並採用來自勃根地所生產的葡萄,都可以在標籤上註明「Appellation Burgundy Contrôlée」。

 夏布利

夏布利有屬於自己獨立的分級系統,在夏布利產區共分四級:

等級 1 夏布利頂級酒莊(Chablis Grand Cru)
散落在夏布利市周圍的七個傑出酒莊擁有Grand Cru等級,風味上更為濃郁圓滿,耐久藏,除了果香宜人之外,礦石的香氣也更為明顯。

等級 2　夏布利一級酒莊（Chablis Premier Cru）

目前共有40個酒莊入選 Premier Cru Premier Cru等級，酒精度必須達到10.5%以上。風味更為豐富，通常需要大約5年的陳年才達到完全成熟的高峰期。

等級 3　夏布利（Chablis）

高於小夏布利的等級，最低的酒精含量是10%，擁有夏布利特殊的礦石風味、果香味也相當豐盈，適合年輕時飲用。

等級 4　小夏布利（Petit Chablis）

是夏布利的最低等級，來自自然條件較不好的區域，口感清淡，也缺乏香味的層次變化。

3 薄酒萊

薄酒萊地區沒有任何酒莊被納入頂級酒莊（Grand Cru），或是一級酒莊（Premier Cru）等級。薄酒萊產區自訂的地方分級共分三個等級：

等級 1　特級村莊（Crus du Beaujolais）

共有十個北邊的村莊被列入這個等級，為薄酒萊最佳產區。加美葡萄在特殊花崗岩的環境下，部分村莊所釀造的酒具有久藏的實力。風味較為強勁、豐滿。在AOC的法規下，特級村莊不能用來生產新酒。

等級 2　村莊酒（Beaujolais Villages）

主要是來自北方的葡萄園，花崗岩的地形讓加美葡萄有更好的表現，是果香豐富的清爽紅酒。部分的新酒來自這個等級。標籤不標示村名是因為使用的葡萄來自不同村莊。

等級 3　薄酒萊（Beaujolais）

這是低的等級，主要來自南部的葡萄園，以清淡果香的紅酒居多，也有少量的玫瑰紅和白酒。著名的新酒（Beaujolais Nouveau）大部分屬於這個等級。

近20年重要年分

類型＼年份	88	89	90	91	92	93	94	95	96	97	98	99	00	01	02	03	04	05	06
紅酒	★	★	★					★				★			★			★	
白酒	★	★	★		★					★	★		★	★	★		★	★	
薄酒萊			★	★			★					★	★	★		★		★	

法國　德國　義大利　西班牙　美國　阿根廷　智利　澳洲　紐西蘭　南非

勃根地產區小型的獨立酒莊林立，同一村莊就有多家不同的酒莊，每家酒莊的釀造技術均有差異，再加上葡萄園的自然環境不同，即便是位於同一村莊的不同酒莊，口感與風格均具獨特性，這是勃根地產區和其他產區有很大不同的地方，充分展現風土與人文的密切關係。因此，勃根地的酒標上常以AOC管制下的地名命名，如葡萄園、村莊名、次產區名、產區名。

❶ 產地

產自法國勃根地

❷ 酒名

勃根地的葡萄酒名通常會以村莊及葡萄園命名。這瓶酒是以伯恩丘（Côte de Beaune）的著名白酒產區Meursault村Perrieres葡萄園命名。

❸ 葡萄酒分級

標明葡萄酒的等級。「Appellation d'（產區地名）+Contrôlée」表示這瓶酒為AOC法定產區酒，「Meursault 1er」表示屬於勃根地產區自訂分級制度的一級酒莊（Premier Cru）。 表示Meursault村有較好的生長條件，被列為一級酒莊。在酒名後面可以加或不加上葡萄園名。

❹ 酒精濃度　❺ 酒廠所在地
❻ 容量

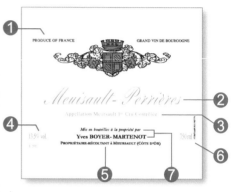

❼ 裝瓶者

表示這瓶葡萄酒在哪裡種植葡萄、生產釀造、裝瓶。

「Mis en Bouteille á la propriété par + 酒莊或酒廠名」表示這瓶酒是由酒莊或酒廠裝瓶，所以「Mis en Bouteille á la propriétépar Yves BOYER-MARTENOT」表示這瓶酒的葡萄來源是由原酒莊Yves Boyer-Martenot種植，並負責釀造、裝瓶。

勃根地的重要酒莊與產品

酒莊名稱	Bouchard Pére & Fils	Maison Alex Gambal
產地	Le Kontr achet	Grvery Chambertin
類型	白	紅
品種	夏多內	黑皮諾
風味描述	優雅而結實的紫羅蘭花香。	柔軟、細緻，果香豐富。
最佳年分	85、89、92、96、00、02、05	88、89、90、96、99、02、05
代表作品	Bouchard Pére & Fils Le Montrachet	Grvery Chambertin

法國產區3 隆河谷地地區
Côtes du Rhône

陽光充足，氣候溫暖的產區，無論紅、白酒都展現出特有的強勁豐厚結構和口感，與法國其他產區大異其趣。由於南北流向的隆河形成狹長的谷地狹長，南北氣候不同，因此兩區使用的葡萄品種不相同，風格自然也有很大的差異。氣候仍然類似寒冷大陸型氣候的北邊谷地，以雅致結實的希哈風靡世界，地中海型氣候的南邊谷地，則是以黑格納希混合其他品種釀出粗獷、層次豐富的風格廣受推崇。

生產的酒類
- ☑ 紅酒
- ☑ 白酒
- ☑ 玫瑰紅酒
- ☑ 汽泡酒
- ☐ 強化酒

隆河谷地葡萄品種

紅葡萄品種

希哈（Syrah）
→隆河谷的巨星。單寧含量高，口感非常扎實，通常混合其他品種讓口感更為豐富圓潤。

黑格納希（Graneche Noir）
→河谷南部種植最廣，單寧和酸度含量不高，酒色淺、香味明顯，通常表現紅色漿果以及香料的氣味。

仙梭（Cinsault）
→主要種植在南隆河谷地，釀製成色淡而清爽的酒款。

白葡萄品種

維歐尼耶（Viognier）
→隆河谷北部的白酒品種，香味誘人、品質優異。因種植不易，產量極低。

白格納西（Graneche Blanc）
→主要在南隆河谷地種植。輕淡柔順的迷人風味，酒精度較高、顏色淡，擁有類似洋梨、茴香般細緻的香味，適合在年輕時飲用。

馬珊（Marsnne）
隆河谷北部的白酒品種，以豐富宜人的堅果香味著稱。

胡珊（Roussanne）
經常和馬珊混合，有較馬珊更強烈的香味和可口的酸度。

隆河谷地的特色

隆河谷地南北兩地葡萄酒於釀造上有很大的差異。北邊以希哈為主要紅葡萄，年輕時充滿紫羅蘭和漿果的香氣，陳年後經常有類似香料、皮革和熱帶水果的豐厚感；白葡萄以維歐尼耶、以及相互混合的胡珊、馬珊最為重要。
河谷南部的當家紅酒品種是源自西班牙的黑格納西，經常與多種葡萄混合，釀造出酒精度高、風味粗獷、具有飽滿的紅色漿果和香料香味。黑格納西也能釀製極具有特色的玫瑰紅酒，酒精濃度高，口感強勁；白酒則是以白格納西混合其他品種為主，表現出渾厚圓潤的特性。

 地理位置

隆河谷地位在法國的東南方，因為地形及氣候的差異，分為南北兩個區域。
北隆河谷是狹長的峽谷地形，氣候較寒冷。憑藉山谷擋住乾而冷的北風，葡萄必須種植在向陽的坡地才有機會成熟。
南隆河谷是開闊的沖積平原地形，屬於陽光充足、乾燥炎熱的地中海型氣候。

● 維恩市

北隆河

● 瓦倫斯市

南隆河

亞維儂

隆河谷地的自訂分級制度

整個隆河谷地符合法國葡萄酒分級最高級的AOC法定產區酒，依產區自訂的分級制度可以分成三個等級，以做更為細膩的區別。

等級 1 特級村莊（Côtes du Rhône Crus）
每個村莊擁有自己特殊的AOC規範，擁有村莊各自獨特的風格。葡萄酒以村莊命名，不但是隆河谷最高級的葡萄酒，也是世界的頂尖作品。酒標以「Côtes du Rhône Crus」表示。

等級 2 村莊酒（Côtes du Rhône-Villages）
這是比「Côtes du Rhône」高一級的葡萄酒，來自條件較好的95個葡萄園，其中有16個傑出村莊可以直接印上村莊名稱，酒標以「Côtes du Rhône-Villages」表示，有標示地名的等級較高。

等級 3 產區酒（Côtes du Rhône）
產量大約占整個隆河谷地產量70%以上，以表現濃厚果香，厚實順口居多。酒標上以「Côtes du Rhône」表示。

近20年重要年分

類型 ＼ 年分	88	89	90	91	92	93	94	95	96	97	98	99	00	01	02	03	04	05	06
北隆河			★					★	★	★	★			★		★		★	★
北隆河			★					★	★		★			★		★		★	★

隆河谷地酒標範例

隆河谷地大部分的酒標上通常會以最大字級鮮明地標明AOC標示，因此只要認識隆河谷地最主要的AOC葡萄酒產區，就能掌握酒的等級與品質，並掌握酒的基本個性、酒體和口感。

❶ 年分
該瓶酒所使用的葡萄收成的年分。
這瓶酒是採用2004年採收的葡萄所釀製的紅酒。

❷ 酒名
符合法國AOC法規等級的葡萄酒大多以標示隆河谷地產區自訂分級當成酒名。此款酒標的「Côtes du Rhône-Villages」表示這瓶酒是屬於產區自訂的分級制度中的村莊酒（Côtes du Rhône-Villages）。小字的「Appellation d'（產區名）+Contrôlée」為法定分級標示，「Côtes du Rhône-Villages」為釀酒的村莊名。

❸ 裝瓶者
標明這瓶酒的裝瓶者。
Mis En Bouteille是法文的裝瓶，Mis En Bouteille á La Propriété 也就是在酒商裝瓶的意思。

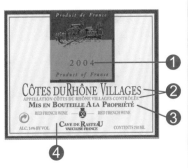

❹ 村莊名
Rasteau是屬於隆河谷地「Côtes du Rhône-Villages」等級中最好的16個村莊之一。比一般的「Côtes du Rhône-Villages」更有特色。

法國
德國
義大利
西班牙
美國
阿根廷
智利
澳洲
紐西蘭
南非

隆河谷地的重要酒莊與產品

酒莊名稱	Paul Jaoboulet	Châteaux de Beaucastel
產地	隆河谷	隆河谷
類型	紅	紅
品種	希哈	黑格納希、希哈
風味描述	顏色深重、濃郁的辛香料和水果香味。	太妃糖、辛香料等厚實的口感和香味
最佳年分	83、85、89、90、91、95、97、98、99、01、03、05、06	81、89、90、95、98、99、01、03、04、05
代表作品	Crozes-Hermitage	Châteauneuf-du-Pape

法國產區4 阿爾薩斯 Alsace

處於德法邊境的地理悲哀，阿爾薩斯反覆多次成為德國、法國的領土。因此，除了法國的文化影響外，在飲食、建築，到處也都可以發現日耳曼民族的蹤影；葡萄酒的釀造上也保留德國的精髓——使用德國的葡萄品種，和類似德國的分級制度。

生產的酒類
- ☑ 紅酒　☑ 白酒
- ☑ 玫瑰紅酒
- ☑ 汽泡酒
- ☐ 強化酒

阿爾薩斯葡萄品種

紅葡萄品種

黑皮諾（Pinot Noir）→唯一的紅葡萄品種，受限於氣候，只能釀成清爽的紅酒。

白葡萄品種

麗詩鈴（Riesling）
→在阿爾薩斯種植廣泛，在不同的土壤上發展多變的風格。

灰皮諾（Pinot Gris）
→當地通常以「Tokay」稱呼，酸度低、酒色較深，略帶粉紅色。風味厚實，陳年後通常有更好的風味。

**格烏茲塔明那
（Gewürztraminer）**
→以濃厚香味著稱的格烏茲塔明那，在阿爾薩斯的表現令人驚艷。

蜜思嘉（Muscat）
→在阿爾薩斯呈現精緻細膩的風貌，香氣以玫瑰、熱帶水果的香味最常見。

希爾瓦納（Sylvaner）
→來自德國的品種，果香豐富動人。在2006年升級為第五種貴族品種。

阿爾薩斯的特色

冷冽的天氣下，阿爾薩斯90％以上的葡萄園種植白葡萄，種類眾多，其中麗詩鈴、灰皮諾、格烏茲塔明那、蜜思嘉被列為貴族品種（Cépages nobles）。阿爾薩斯被許多專家認同為法國最優質白酒產區之一，釀造的酒果香優雅飽滿，酸味明亮輕快，不但容易入口，也讓人回味無窮。

風格上與德國酒相比，酒精略高一些，甜度較低些，香味比較直接，整體表現上較為強勁。

在阿爾薩斯通常以單一品種裝瓶，酒標上可以發現葡萄品種名稱。

 地理位置

在法國東北邊界的阿爾薩斯省，屬於高緯度的陰冷大陸型氣候，已經不是適合葡萄生長的區域。幸好孚日山脈（Vosges）抵擋住濕冷的西北風，保留更多陽光燦爛的日子，讓緊鄰萊茵河（Rhin）的東岸成為法國最佳的白葡萄酒產區之一。

加上阿爾薩斯的地質成分複雜多變，有河川沖積的肥沃土壤，也有貧瘠的白堊土、沙岩、花崗岩，造就了阿爾薩斯酒的多種風情。

下萊茵

萊茵河

●科瑪

上萊茵

 ## 阿爾薩斯的自訂分級制度

整個阿爾薩斯產區都被列為法國最高等級的法定產區（AOC），其中特別優質的葡萄園可以在酒標上標示「Alsace Grand Cru」。另外，因為受到德國的影響，上述的貴族葡萄品種有遲摘和貴腐的採收時機分級。

法國

德國

義大利

西班牙

美國

阿根廷

智利

澳洲

紐西蘭

南非

阿爾薩斯的自訂分級制度

等級 1 阿爾薩斯頂級葡萄園（Alsace Grand Cru）

是指該地所生產的葡萄酒等級最高、品質最好，而且採用麗詩鈴、灰皮諾、格烏茲塔明那、蜜思嘉四種貴族葡萄品種之一釀造，才允許使用「Alsace Grand Cru」的名稱，是阿爾薩斯產地最高等級。目前共有51家葡萄園被列為「Alsace Grand Cru」等級。

等級 2 阿爾薩斯產區酒（Appellation Alsace Contrôlée）

整個產區都屬於法國最高等級的AOC法定產區，可以在酒標上標示「Appellation Alsace Contrôlée」，有時也會加上村莊及葡萄園名稱。

依採收時機分級

等級 1 粒選貴腐酒（Sélection de Grains Nobles）

粒選貴腐酒相當德國TBA（Trockenbeerneauslese）等級。遲摘葡萄是貴族葡萄已經遭受貴腐菌侵襲，香味和糖分更為濃縮，可以釀造出濃郁、甜美、香味變化複雜的貴腐甜酒，是可以和波爾多的索頓及巴薩克（Sauternes & Barsac）產區相提並論的貴腐酒。

等級 2 遲摘酒（Vendanges Tardives）

這是類似德國以成熟度分級的方式，相當於德國的Auslese等級。在特別好的年分中，貴族葡萄特別被保留部分葡萄在樹藤上，充分成熟，以達到法定的含糖量，擁有更成熟濃郁的風味和更高的糖分。遲摘酒通常是是甜酒，也有酒精度較高的不甜類型。遲摘酒在釀造過程中不允許人工添加糖分。

阿爾薩斯酒標範例

整個阿爾薩斯地區都屬於AOC的法定產區，在葡萄酒的等級上只要分辨是否是阿爾薩斯頂級葡萄園（Alsace Grand Cru），和有沒有成熟度的分級——遲摘酒（Vendanges Tardives）和粒選貴腐酒（Sélection de Grains Nobles）即能輕易分辨。此外，阿爾薩斯的葡萄酒通常以單一品種葡萄釀造，並規定需標明使用的葡萄品種名稱。從葡萄品種就能對阿爾薩斯地區所產的葡萄酒風味有初步的掌握。

近20年重要年分

類型＼年份	88	89	90	91	92	93	94	95	96	97	98	99	00	01	02	03	04	05	06
阿爾薩斯	★	★	★						★		★		★	★	★				★

阿爾薩斯的重要酒莊與產品

酒莊名稱	Dopff & Irion	F E Trimbach
產地	阿爾薩斯	阿爾薩斯
類型	白	白
品種	格烏茲塔明那	灰皮諾
風味描述	濃郁的辛香料和玫瑰花香	微帶有煙燻的花香和果香
最佳年分	96、98、00、01、02、06	96、98、00、01、02、06
代表作品	Dopff & Irion Gewürztraminer	Trimbach Pinot Gris

阿爾薩斯也生產汽泡酒，採用瓶中二次發酵的
方式釀製，稱爲Crémant d'Alsace。主要是用
充滿果香的白皮諾（Pinot Blanc）釀造。

❶ AOC法定產區標示

阿爾薩斯產區的AOC法定產區標
示，「APPELLATION ALSACE
CONTRÔLÉE」，整個阿爾薩斯都屬於
法國最高等級的AOC法定產區等級。

❷ 酒莊名

代表生產葡萄酒的生產者名，在酒標上
通常以大字標明。
這瓶葡萄酒的酒莊名為「F.E.
Trimbach」為阿爾薩斯最佳酒莊之一。

❸ 酒名

阿爾薩斯酒標上所標示的酒名會以
葡萄品種命名。這瓶酒是以白皮諾
（Pinot Blanc）葡萄釀造。

❹ 裝瓶者

MIS EN BOUTEILLES PAR FE
TRIMBACH A RIBEAUVILLE
（生產者裝瓶）這裡表示這瓶酒是
在原酒莊裝瓶，表示從種植葡萄開
始一直到所有釀酒、裝瓶、出廠都
由酒莊處理。標示方式為MIS EN
BOUTEILLES PAR + 酒廠名。

法國

德國

義大利

西班牙

美國

阿根廷

智利

澳洲

紐西蘭

南非

法國產區5 香檳區Champagne

位在法國北方的香檳區是法國最小的葡萄酒產區。年均溫平均只有10℃，已經接近葡萄生長極限的北方。葡萄成熟不容易，含有高度酸味，不適合製作一般性的葡萄酒，如果是以當地獨特的香檳製造法（參見P81）釀造，卻能將葡萄的酸度轉化為迷人的酸味和細緻的香氣，成為香檳區最獨特的風格。只有在香檳區製造，符合AOC法規限定的葡萄品種、釀製方式如使用香檳製作法等嚴苛條件下所釀造的葡萄酒，才能稱為香檳。

生產的酒類

☑紅酒　☑白酒
☑玫瑰紅酒
☑汽泡酒
☐強化酒

香檳區葡萄品種

紅葡萄品種

黑皮諾（Pinot Noir）→提供了紅葡萄較為結實的體質，口感表現出強勁的風格，和更好的陳年潛力。

白葡萄品種

夏多內（Chardonnay）
→擁有較豐富的酸味和果香，呈現明亮清爽的口感。單獨使用時，可以在標籤看見「Blanc de blancs」字樣。

皮諾慕尼（Pinot Meunier）
→是香檳區種植最廣的葡萄，早熟和不畏懼霜害是其最大的優點。

香檳區的特色

香檳區葡萄的生長與白堊地形有很大的關係，灰白的土壤可以反射珍貴的陽光，多孔的土地除透氣外還可以儲存溫度，讓葡萄有機會在北國寒冷的環境下生長；鹼性的土質，提供葡萄活力四射的酸度，提供香檳最關鍵的風味。

香檳區也生產沒有汽泡的一般紅、白酒和玫瑰紅酒，被稱為無汽泡酒（Coteaux Champenois），不過因產量少，所以價格也高。

 地理位置

香檳區是法國最北方的產區，已經不適合葡萄生長，葡萄的成熟度經常不足，無法釀造普通的餐桌酒。特殊的鹼性白堊土，不但讓葡萄的酸味發展更好，白堊土更可以反射陽光，進行充足的光合作用，讓葡萄得以在寒冷的氣候下生長。

● 巴黎　　香檳區

法國
德國
義大利
西班牙
美國
阿根廷
智利
澳洲
紐西蘭
南非

香檳區的自訂分級制度

整個香檳區都是AOC法定產區，但是法規相當細膩嚴格。例如：葡萄品種限定必須是夏多內、黑皮諾、皮諾慕尼三種；每150公斤的葡萄最多只能壓榨100公升的果汁；必須依照香檳製造法釀造……等。

香檳區的葡萄園也有分級，但是消費者並沒有特別重視，因為大部分的香檳是混合不同葡萄園的葡萄釀造。

等級 1　頂級葡萄園（Grand Cru）

依照「香檳區葡萄酒同業委員會」（CIVC）標準，自然條件最好葡萄園被評分為 100%，共有17個葡萄園可以冠上「頂級葡萄園」名稱。

等級 2　一級葡萄園（Premier Cru）

經過CIVC評分為 90~99%等級的葡萄園可以使用「一級葡萄園」的名稱，共有43個村莊。

等級 3　一般葡萄園（Cru）

是評分落在80~89%之間的葡萄園。稱為一般葡萄園，共有241葡萄園。

香檳區酒標範例

香檳區的酒標上通常會有Champagne 字樣，表示酒的類型，也表示屬於AOC法定產區，另外還有生產者、甜度等訊息標示。一般來說，香檳區的葡萄酒通常是以不同年分採收的葡萄混合釀造，稱為非年分香檳（Nonvintage Champagne），因此酒標上不會標明年分。如果是酒標上標示年分的香檳，表示是以特殊好年分的葡萄釀製，稱為年分香檳（Vintage Champagne）。價格會比一般的香檳高。而香檳的口味也依照甜度不同，在酒標上會鮮明地標示出來，如Extra Brut（極不甜）或Brut（很不甜）。

若有Blanc de blancs標示，則表示是由全部由白葡萄品種夏多內釀製，風味較為清新明亮。

❶ 酒的類型

CHAMPAGNE香檳。只有在香檳地區依據法規制定的製作方式和品種所釀製的汽泡酒才可以使用CHAMPAGNE字樣。

❷ 酒名

在香檳地區，酒標多半是以酒莊名為酒名。這瓶酒是Charles Heidsieck酒莊釀造，為香檳區著名的酒莊之一。

香檳區的重要酒莊與產品

酒莊名稱	Krug	Pol Roger
產地	香檳區	香檳區
類型	汽泡酒	汽泡酒
品種	夏多內	夏多內、黑皮諾、比諾慕尼
風味描述	精緻的花香、均衡愉悅	圓潤深厚、花香、果香豐富
代表作品	Krug Grand Cru	Pol Roger

香檳的甜度可區分為：
Extra Brut（極不甜）→Brut（很不甜）
→Extra Sec（不甜）→Sec（微甜）
→Demi Sec（中甜）→Doux（甜味）

法國
德國
義大利
西班牙
美國
阿根廷
智利
澳洲
紐西蘭
南非

❸ 所在地
酒莊的所在地。釀製這瓶香檳的
Charles Heidsieck酒莊位於香檳
區的Reims。

❹ 甜度標示
在瓶中二次發酵後，通常會添
加糖分來調整香檳的甜度。
Brut是很不甜的香檳類型。

德國

德國是全球最北的葡萄酒產區，為葡萄生長的最北地區。因氣候條件的影響，寒冷的天氣較不適合栽種紅葡萄品種，而以種植白葡萄品種為主，如麗詩鈴、希爾瓦納、格烏茲塔明那等，因此德國生產的葡萄酒以白葡萄酒為大宗。缺乏日照的夏日與漫長寒冷的冬天，對葡萄農而言，葡萄是否能夠成熟和擁有足夠的糖分是最大的挑戰。因此德國發展出獨具特色的釀酒方式，為了因應葡萄含糖量不足的情形，等級最高的葡萄酒會以延遲採收時機提高含糖量，使釀酒的酸味與甜度能夠平衡，帶來爽口的酸味與細緻優雅的口感。而德國的農業技術發達，也為世人帶來更多的人工新品種，如米勒·圖高、雪瑞拉等。

生產的酒類
- ☑ 紅酒　☑ 白酒
- ☑ 玫瑰紅酒
- ☑ 汽泡酒
- ☐ 強化酒

德國葡萄品種

紅葡萄品種

黑皮諾（Pinot Noir）
→在德國被稱為Spätburgunder，為主要的紅葡萄品種。在豐富礦物質的巴登（Baden）北方，黑皮諾顏色和香味都特別深厚。

白葡萄品種

麗詩鈴（Riesling）
→德國是麗詩鈴的故鄉，表現出無與倫比的精緻優雅。

米勒·圖高（Muller-Thurgau）
→為麗詩鈴和希爾瓦納兩品種人工配種結晶。大多釀造成一般的簡單白酒，是德國生產面積最廣的品種。

希爾瓦納（Sylvaner）
→傳統的德國品種，可以釀造成果香濃、酸味低的一般白酒。在南部的法蘭肯（Franken）香味濃郁，表現傑出。

格烏茲塔明那（Gewürztraminer）
→除了法國阿爾薩斯外的重要產區。酸度低而香氣濃烈，特殊的香料辛香轉化成玫瑰、荔枝、葡萄柚的氣息，南部的產區較為盛行。

灰皮諾（Pinot Gris）
→在德國被稱為Grauer Burgnder（不甜類型）或是Ruländer（甜酒型）。在法茲（Pfalz）具有均衡的美感，是德國最佳產區。

雪瑞拉（Scheurebe）
→為麗詩鈴和希爾瓦納混合的人工品種，廣泛種植在萊因黑森（Rheinhessen）和法茲（Pfalz），釀造成冰酒或是貴腐酒的甜酒類型時，具有濃郁的蜂蜜及葡萄柚的香氣。

德國的主要產酒產地&產區

德國葡萄酒主要產區如下：

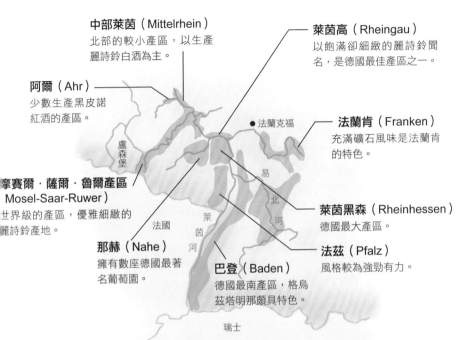

中部萊茵（Mittelrhein）
北部的較小產區，以生產
麗詩鈴白酒為主。

阿爾（Ahr）
少數生產黑皮諾
紅酒的產區。

摩賽爾‧薩爾‧魯爾產區
（Mosel-Saar-Ruwer）
世界級的產區，優雅細緻的
麗詩鈴產地。

那赫（Nahe）
擁有數座德國最著
名葡萄園。

萊茵高（Rheingau）
以飽滿卻細緻的麗詩鈴聞
名，是德國最佳產區之一。

● 法蘭克福

法蘭肯（Franken）
充滿礦石風味是法蘭肯
的特色。

萊茵黑森（Rheinhessen）
德國最大產區。

法茲（Pfalz）
風格較為強勁有力。

巴登（Baden）
德國最南產區，格烏
茲塔明那頗具特色。

盧森堡　　　法國　　　萊茵河　　　易北河　　　瑞士

法國
德國
義大利
西班牙
美國
阿根廷
智利
澳洲
紐西蘭
南非

產區說明

德國有13個法定酒區，主要的11個產區，分布在德國西南部的萊茵河
（Rhein）以及支流的兩岸；另外有兩個小產區Saale-unstrust和Sachsen屬於
過去東德產區，在易北河（Elbe）上游。

➊ 摩賽爾‧薩爾‧魯爾產區（Mose-Saa-Ruwer）

這是以麗詩鈴聞名世界的產區，酸味豐富而優雅、纖細卻耐久藏，表現出幽
微的花香、果香和礦石香，是麗詩鈴愛好者的聖地。

➋ 那赫（Nahe）

位於那赫河與萊茵河匯流處，是位於北方的小產區，卻有擁有幾座德國麗詩
鈴最佳葡萄園，例如Niederhausen、Schlossböckelheim。

阿爾（Ahr）

極小的產區，也是德國少數以生產黑皮諾紅酒為主的產區。

 萊茵黑森（Rheinhessen）

德國最大產區，以「聖母之乳」（Liebrfraumilch）聞名，是德國酒外銷的主力。

 **萊茵高**（Rheingau）

雖然是一個小面積產區，卻出產讓世人肅然起敬的麗詩鈴。較溫和的天氣，麗詩鈴成熟容易些，風格較摩賽爾·薩爾·魯爾流域強勁，卻依然保有細緻的風味。

 德國的分級制度

德國葡萄酒分級制度的最大特色在於，以葡萄收成時成熟度與含糖量的高低區分葡萄酒的等級。德國雖然同樣也會像法國一樣以產區、葡萄園優劣區分葡萄酒的等級，也同樣有優質葡萄酒和一般的日常葡萄酒的分別，但特別的是，由於德國寒冷的天候，收成的葡萄含糖量不足，因此絕大部分的葡萄酒均需添加

 Q.m.P（Qualitätswein mit Prädikat）

特級優良酒（Q.m.P）：為德國酒的最高等級。受到嚴格的條件規範與品管，依照規定：釀酒的葡萄必須來自德國的13個優質法定產區，葡萄必須達到法定的含糖量才能採收，且不可以添加糖分發酵。

2 **QbA**（Qualitätswein bestimmter Anbaugebiete）

優質酒（QbA）：簡稱為QbA，釀製的葡萄必須是來自於德國的13個優質法定產區，葡萄的採收必須達到一定的成熟度標準。在這個等級可以添加糖分協助發酵。

3 **Landwein**

地區佐餐酒（Landwein）：較優質酒QbA等級低，所釀製的葡萄必須來自德國的17個法定地區，通常是不甜的類型，並具有當地的風格。

4 **Deutscher Tafelwein**

佐餐酒（Deutscher Tafelwein）：是德國酒的最低等級，通常是微甜的類型。只要酒精濃度達到8.5%以上，在德國裝瓶的酒都可以是這個等級。

6 巴登（Baden）

屬於德國最南的產區，陽光充足，有三分之一的土地種黑皮諾。麗詩鈴的表現不如北方產區精采，但是格烏茲塔明那的玫瑰香味濃郁，頗具特色。

7 法蘭肯（Franken）

德國最陽剛的葡萄酒，法蘭肯有種特殊的大地土味，相當特殊。法蘭肯是傳統品種希爾瓦納表現的地方，口感均衡順口。

8 法茲（Pfalz）

是德國品種最多元豐富的產區，幾乎所有的德國葡萄品種都可以在此找到。酒的風格較強，類似阿爾薩斯，麗詩鈴外，其中以灰皮諾最為出色。

糖分助其發酵釀製成酒。唯有被列為最高等級的特級優良酒（Qualitätswein mit Prädikat）不添加糖分發酵，而是以延遲採收的方式，提高葡萄的含糖量。由於費時，製酒成本提高，因此價格昂貴。由高至低可分為四個等級。

高 依照採收葡萄的成熟度與含糖量再分為6個等級

採收葡萄成熟度與含糖量

等級 1 特級遲摘粒選（Trockenbeerneauslese）

是德國酒最甜的等級，採用貴腐菌嚴重侵襲，外表有如葡萄乾的果實釀製，極為珍貴稀少，只有特殊的年分才有機會生產。

等級 2 冰酒（Eiswein）

使用天然在樹藤上結凍的Beerneauslese等級葡萄釀製，因為水分結冰保留在果肉中，因此果汁更為濃厚，酒液彷彿蜂蜜般甜膩。

等級 3 遲摘粒選（Beerneauslese）

一顆顆挑出遭受貴腐菌侵襲過的葡萄粒釀製，口感更為濃郁香甜。

等級 4 遲摘串選（Auslese）

在遲摘的葡萄中挑出成熟度較高的葡萄，甚至於部分葡萄已經有貴腐菌的侵襲。甜味和香味的凝聚更勝於遲摘（Spätlese）等級，通常適合陳年。

等級 5 遲摘（Spätlese）

比一般成熟（Kabinett）較等級晚收成，葡萄有較高的成熟度，傳統上比一般成熟（Kabinett）等級較甜、口感較厚實豐富。現在也流行完全不甜的類型。

低 等級 6 一般成熟（Kabinett）

在規定的成熟度收成，通常是清爽的不甜類型。

法國
德國
義大利
西班牙
美國
阿根廷
智利
澳洲
紐西蘭
南非

德國酒標上所標示的訊息，除了會有葡萄品種名稱、產區、生產者名、年分、分級之外，隸屬於QmP（特級優良酒）等級的酒還會在酒標上另外列出依照成熟度與含糖量區分等級的標示，如Trockenbeerneauslese（特級遲摘粒選）或Auslese（遲摘串選），只要熟悉以上關鍵字，就能掌握該款葡萄酒的甜度。此外，優質的葡萄酒會在酒標上標示政府所頒發的審查合格編號。

❶ 裝瓶

Erzeugerabfüllung是德文的酒莊裝瓶，表示為釀酒酒莊親自裝瓶，保障品質。

❷ 審查合格編號

QmP和QbA等級的優質酒必須通過政府機關的審查，才能獲得優質酒的認證，以控制品質。通過後會有編號。

❸ 葡萄品種

標示所使用的葡萄品種。這款酒是由Riesling（麗詩鈴）葡萄所釀製。

❹ 產區

Mosel-Saar-Ruwer（摩賽爾‧薩爾‧魯爾），為麗詩鈴葡萄最佳產區。

❹ 葡萄酒等級

德國的葡萄酒分級制度，用以區分葡萄酒等級。這款酒的等級為Qualitätswein mit Prädikat（特級優良酒），為德國酒的最高等級。

❺ 村名和葡萄園名

QmP和QbA等級的葡萄酒，通常以「村名+葡萄園名」為酒名。此款酒名為「Wehlener Sonnenuhr」，是指Wehlener村的Sonnenuhr葡萄園。

❻ 生產者名

此為酒莊名。Joh. Jos. Prüm是摩賽爾產區極為著名的酒莊。

❼ 年分

該瓶酒所使用的葡萄收成年分。這瓶酒是採用1992年採收的葡萄所釀製。

❽ QmP（特級優良酒）等級

QmP為德國葡萄酒的最高等級，依照採收葡萄的成熟度與含糖量多寡，再分為6個等級。這款酒屬於QmP等級中的Kabinett（一般成熟）等級。具有相當程度的甜味。

德國酒標常見用詞

分類	德文	中文
釀造者	Erzeugerabfüllung	酒莊裝瓶
	Weinzergenossenschat	製酒合作社
	Weingaut	酒莊
甜度	Halbtrocken	微甜
	Süss	甜
	Trocken	不甜
色澤	Rotwein	紅酒
	Rötlicherwein	玫瑰紅酒
	Schillerwein	以紅、白酒混合的玫瑰紅酒
其他	Sekt	汽泡酒

近20年重要年分

年分 類型	88	89	90	91	92	93	94	95	96	97	98	99	00	01	02	03	04	05	06
摩賽爾·薩爾·魯爾產區	★	★			★					★		★		★		★	★	★	
萊茵河流域	★	★	★						★	★	★			★	★				★

德國的重要酒莊與產品

酒莊名稱	Joh. Jos. Prüm	Robert Weil
產地	摩賽爾–薩爾–魯爾流域	萊茵高
類型	白	白
品種	麗詩鈴	麗詩鈴
風味描述	水梨、蜜桃幽遠的香味、酸味清亮迷人。	水梨、蜜桃幽遠的香味、酸味清亮迷人。
最佳年分	88、89、90、94、95、96、97、98、99、00、01、02、03、04、05	90、94、95、96、97、98、99、00、01、02、03、04、05
代表作品	Joh. Jos. Prüm Riesling（wehlener Sonnenuhr）	Robert Weil Riesling（Auslese等級以上）

法國

德國

義大利

西班牙

美國

阿根廷

智利

澳洲

紐西蘭

南非

義大利

義大利和法國並稱為世界最大葡萄酒產國。因為地型的豐富變化、狹長的領土分屬多種氣候區、受海洋調節的三面環海的半島國土,擁有多種獨特的葡萄品種,生產的葡萄酒風格多元,無論是北部巴羅簍(Barola)和巴巴瑞思科(Barbaresco)產區的內比歐露(Nebbiolo),或是中部的托斯卡納(Tuscana)產區的山吉歐維列(Sangiovese)都具有無可取代的地位、只有另一個產酒大國法國可以比擬。義大利的釀酒歷史悠久,在不同產區無論是品種或是釀製方式,都具有獨特的釀酒文化。因此,在挑選葡萄酒時,可以先以產區挑選,像是北部的皮蒙(Piedmont)、上阿堤杰(Alto Adige)產區;中部的托斯卡納(Tuscana)都相當傑出。

義大利的主要產酒產地&產區

義大利葡萄酒主要產區如下:

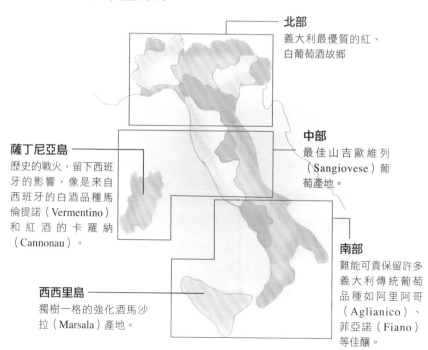

北部
義大利最優質的紅、白葡萄酒故鄉

中部
最佳山吉歐維列
(Sangiovese)葡萄產地。

薩丁尼亞島
歷史的戰火,留下西班牙的影響,像是來自西班牙的白酒品種馬倫提諾(Vermentino)和紅酒的卡羅納(Cannonau)。

南部
難能可貴保留許多義大利傳統葡萄品種如阿里阿哥(Aglianico)、菲亞諾(Fiano)等佳釀。

西西里島
獨樹一格的強化酒馬沙拉(Marsala)產地。

生產的酒類
☑紅酒　☑白酒
☑玫瑰紅酒
☑汽泡酒
☑強化酒

義大利葡萄品種

紅葡萄品種

阿里阿哥（Aglianico）
→在坎佩尼亞（Campania）和巴西里卡帖（Basilicata）產區的火山灰地質，風味厚實、耐久藏，表現傑出。

內比歐露（Nebbiolo）
→主要在西北部的皮蒙區，單獨釀造或是混入少許其他品種，香味富變化、酸味和單寧豐富，口感渾厚扎實。

科維納（Corvina）
→威尼托（Veneto）Valpolicella產區最佳品種。有亮麗的寶石紅，和新鮮的櫻桃果香。

山吉歐維列（Sangiovese）
→原產義大利中部地區，經常與當地的其他品種混合釀造，也與卡本內·蘇維儂調和使用。酸度和單寧都濃厚，顏色深沈經常表現出黑櫻桃香味，口感嚴密結實。

巴巴羅（Barbera）
→和山吉歐維列並列意大利最廣泛種植的品種，色澤鮮豔、果香飽滿、高酸度、低單寧的優秀品種。

多切托（Dolcetto）
→義大利的原生種，優雅而迷人。

維瑪西（Vematsch）
→義大利北部較常見，釀成清淡的紅酒。

肯納歐羅（Canaiolo）
→紅、白酒都可以釀製，主要在中部地區。

孟特普希洛（Montepulciano）
→主要在義大利東部地區，顏色深，中度的單寧和酸味，具特殊辛香氣味。

馬爾瓦西（Malvasia）
→義大利管範種植的品種，可紅可白，風格多變。

特洛迪哥（Teroldego）
→主要在鐵提諾（Trentino）產區。

白葡萄品種

格麗歐（Grillo）
→西西里強化酒瑪莎拉（Marsala）的原料。

依若利亞（Inzolia）
→是西西里強化酒瑪莎拉（Marsala）的原料，可以釀造不甜的白葡萄酒。

蜜思嘉（Muscat）
→最著名的應該是在皮蒙區用蜜思嘉生產半甜型的Asti汽泡酒。

馬倫提諾（Vementino）
→薩丁尼亞島最佳白葡萄品種，釀造成不甜的類型，清新爽口帶有堅果香味。

托可（Tocai）
→可以釀出具有獨特的堅果香味不甜白酒。

卡加內佳（Garganega）
→威尼托（Veneto）著名白酒思瓦維（Soave）的原料。

維瑪佳（Vernacchia）
→僅存於薩丁尼亞島的品種，釀製成強化酒。

格切托（Grechetto）
→翁布利亞（Umbria）產區的重要品種。

特比諾（Trebiano）
→口感濃郁、廣泛種植的品種。

法國　德國　義大利　西班牙　美國　阿根廷　智利　澳洲　紐西蘭　南非

產區說明

義大利國土狹長，緯度差異造就出南北氣候的差異。而北方地勢較高的阿爾卑斯山區，提供更為涼爽的天氣；縱貫南北的亞平寧山又將義大利半島分成東西兩大塊，形成各具特色的小氣候區域。依據這些差異，義大利葡萄酒產區可以分成三個大區域。

 ## 北部產區

包含阿爾卑斯山南坡以及波河平原，義大利最優質的葡萄酒大部分來自這個區域。可分為九個產區。

阿歐斯達山谷（Valle d'Aosta）

與法國、瑞士交界的阿爾卑斯山山區，氣候寒冷，紅、白酒都表現出清爽的風味。

皮蒙（Piedmont）

義大利最多元、最精華的產區。採用單一品種的葡萄釀製，紅酒以內比歐露最為耀眼，特別是在巴羅簍（Barola）和巴巴瑞思科（Barbaresco）產區的紅酒，香味豐富，扎實，適合久藏。皮蒙的Asti甜汽泡酒有很高的知名度，以蜜思嘉（Muscat）葡萄釀製，表現出花香、蜂蜜的香甜、熱帶水果芳香，順口好喝。

利哥里亞（Liguria）

靠近地中海的小產區，釀酒通常不耐陳年，但是風味別具特色。

倫巴底（Lombardy）

無論是量或質都占重要地位的產區，紅葡萄以內比歐露最重要。而採用夏多內（Chardonnay）、黑皮諾（Pinot Noir）、白皮諾（Pinot Blanc）釀造的汽泡酒，細緻優雅，是義大利最佳汽泡酒。

鐵提諾（Trentino）

生產各種單一品種的葡萄酒，以清爽型居多。

上阿堤杰（Alto Adige）

與奧地利交界，是義大利最北方產區。深受德語文化影響，有許多德國的葡萄品種，採單一品種釀製。其中，白酒的酸味豐富，是義大利高品質的白酒產區之一。

威尼托（Veneto）

葡萄品種繁多，風格複雜多變，但是品質都相當高，瓦多利切拉（Valpolicella）產區具有相當知名度。最具特色的是以葡萄風乾後再釀製的Recioto della Valpolicella和Amarone della Valpolicella，口感濃郁、香味多變。

佛優利‧維內其亞‧朱利亞（Friuli Venezia Giulia）

足以和上阿堤杰抗衡的白酒產區。

艾米里亞‧羅馬涅（Eilia Roagna）

義大利最大的葡萄酒產區，以生產日常飲用的平價紅、白酒為大宗。

中部和薩丁尼亞島產區

義大利中部因亞平寧山貫穿，而分為東西兩方。氣候雖然較北部炎熱，但是山區的夜晚依舊十分寒冷，非常適合優質葡萄生長。其中托斯卡納產區最為著名。

馬凱（Marche）

以生產白酒為主的產區，其中以維的奇歐（Verdicchio）釀成的不甜白酒相當受到矚目。

托斯卡納（Tuscana）

除了是觀光重地之外，更是義大利最重要的葡萄酒產區。特別是以山吉歐維列（Sangiovese）釀製的奇揚地（Chianti）紅酒，或是更高級的古典奇揚地（Chianti Classico），是最知名的義大利葡萄酒。

翁布利亞（Umbria）

與古城歐維耶多（Orvieto）同名的白酒長久以來受到推崇；來自舵吉安諾（Torgiano Rosso Riserva）產區的紅酒，以山吉歐維列（Sangiovese）葡萄釀製，品質精良。

拉契歐（Lazio）

包圍羅馬古城的拉契歐（Lazio）以白酒著名，其中以法拉史卡提（Frascati）、瑪利諾（Marino）最具知名度。

阿布魯索（Abruzzo）

是義大利中部葡萄酒的第二大產區、玫瑰紅和紅酒都相當迷人。

摩利則（Molise）

以比佛諾（Biferno）生產的白酒最有名，清新而爽口。

薩丁尼亞島（Sardinia）

歷史上曾受過西班牙統治，葡萄品種與釀酒風格受西班牙的影響。白酒以來自西班牙的葡萄品種馬倫提諾（Vermentino）最具特色，酸味豐富而平衡，氣味迷人。紅酒以來自西班牙的卡羅納（Cannonau）最常見。

南部及西西里島產區

屬於炎熱地中海型氣候的義大利南部，葡萄酒的產量驚人。最特別的是保留許多特有的葡萄品種，是其他產區很難喝到的，像是坎佩尼亞（Campania）產區以阿里阿哥（Aglianico）釀造的紅酒最受到重視。

普利亞（Puglia）

以生產廉價的葡萄酒為主，產量很大。其中王室山（Castel del Monte）的紅、白、玫瑰紅酒都很出色。

坎佩尼亞（Campania）

自古有名的產區，紅酒以陶瓦希（Taurasi）產區最受激賞，單寧和酸味都濃重，深沉耐喝。白酒則是菲亞諾（Fiano）以果香豐富、酸味清新最受好評。

加拉比亞（Calabria）

西羅(Cirò)所產的紅酒色澤深厚、口感濃郁，十分粗獷有勁，是自古有名的佳釀。比安可（Bianco）的白酒帶有橙花香味，也是源自希臘時代的名酒，價格相當昂貴。

巴西里卡帖（Basilicata）

巴西里卡帖（Basilicata）的紅酒經過陳年後十分耐人尋味；汽泡酒相當特殊，主要是當地飲用，不對外銷售。

西西里（Sicily）

產量高的西西里（Sicily）以生產廉價酒為主。最著名的是馬沙拉酒（Marsala），是與雪莉、馬德拉三足鼎立的強化酒。

義大利葡萄酒的分級方式

義大利分級制度起步較晚,始於1963年,將葡萄酒分為佐餐酒(Vion da Tavola)和法定產區(Denominazione di Origine Controllata;DOC)兩個等級,到了1990年才在原來的分級制度上另加上地區佐餐酒(Indicazione Geografica Tipica;IGT)和保證法定產區(Denominazione di Origine Controllata e Garantita;DOCG)的分級,使義大利的DOC葡萄酒法定分級制度更趨細膩。

1 DOCG (Denominazione di Origine Controllata e Garantita)

保證法定產區(DOCG): 是指除了符合DOC的產地、品種、釀製方式法規規範外,還必須是DOC等級滿五年後,才有機會晉升。而每支酒上市前更必須經過葡萄酒委員會品嚐,確認品質後才可以上市。為義大利葡萄酒的最高等級。
目前約有三十多個產區被列為DOCG,數量持續增加中。

2 DOC (Denominazione di Origine Controllata)

法定產區(DOC): 是指依據傳統或是自然條件等因素劃分的產區,品種、釀製方式均受義大利葡萄酒法定分級DOC法規的嚴密規範。
相當於法國的AOC等級,必須是來自特定的產區範圍。有時可以發現在DOC後會加上Classico,是來自傳統、較優質的產區;或是Superiore,表示有高的酒精濃度或是較佳的品質。

3 IGT (Indicazione Geografica Tipica)

地區佐餐酒(IGT): 是指來自於一個較大範圍的產區,可以在標籤上標上產地、品種、年分等生產資訊。
目前有100多個IGT產區,使用的葡萄沒有限制採用傳統品種,因此有許多國際性的品種被使用。

4 VdT (Vino da Tavola)

佐餐酒(VdT): 是廉價的日常飲料,沒有產地、品種等的法規限制,所以標籤上不允許標示出年分、葡萄品種、產地資訊,是最底下的等級。此外,在這個等級也有一些生產者以自身創意、不依據法規規範而釀造出高品質的酒款,這些酒無法申請DOC的美酒,可以看出義大利人的浪漫和創意,也讓酒的選擇更多樣。

解讀義大利葡萄酒標

義大利悠久的釀酒歷史裡，發展出一套獨特的釀酒文化，其葡萄品種、釀酒方式、風味以多元各具特色著稱。解讀義大利酒標時，可先留意法定分級以確認葡萄酒等級。更重要的是留意產區，義大利許多產區都有眾多而獨特的品種，也造就出各產區獨特的風格和口感。而產區中的生產者的聲譽，則影響到這瓶酒的品質。

❶ 裝瓶者

標明酒的生產方式。「IMBOTTIGLIATO NELLA+（酒莊名）+ALL'Origine」表示為由原生產的酒莊裝瓶。

「CANTINA VIETTI CASTIGLIONE FALLETTO ITALLA」表示這瓶酒是由VIETTI莊園裝瓶。

❷ 生產者名

此為酒莊名。Vietti是皮蒙產區的具有代表性的酒廠之一。

❸ 法定產區

Barbera D'Alba是皮蒙的著名DOC產區。

❹ 採收年分

ANNATA是採收年分的意思，代表這瓶酒是使用1982年採收的葡萄所釀製。

❺ 法定分級

義大利的葡萄酒分級。

「DENOMINAZIONE DI ORIGINE CONTROLLATA」表示為DOC等級。

❻ 葡萄園名

釀造這瓶酒的葡萄來自巴羅簍（Barola）的Bussia葡萄園。

Della Localita是位置的意思。

❼ 法定編號

可以用來追蹤酒的履歷。

義大利酒標常見用詞

分類	義大利文	中文
釀造者	Imbottigliato all'Origine	原酒廠裝瓶
	Imbottigliato Nella Zone Di Produzione	在產區裝瓶
色澤	Bianco	白葡萄酒
	Rosato	淡紅酒
	Rosso	玫瑰紅酒
甜度	Dolce	甜
	Amabile	微甜
	Secco	不甜
其他	Annata	採收年分
	Spumante	汽泡酒
	Vino	葡萄酒

近20年重要年分

年分 類型	88	89	90	91	92	93	94	95	96	97	98	99	00	01	02	03	04	05	06
皮蒙紅酒		★	★						★			★		★			★		★
托斯卡納紅酒	★		★		★		★		★		★						★		★

義大利的重要酒莊與產品

酒莊名稱	Altare	Biondi-Santi
產地	皮蒙	托斯卡納
類型	紅	紅
品種	內比歐露	山吉歐維列
風味描述	花香、果香外還有強烈硝石氣息。	豐富的水果乾香味，酸味和單寧強烈。耐久藏
最佳年分	89、97、99、01、04、06	85、88、95、97、04
代表作品	Barolo Arborina、Barolo Brunate	Brunello di Montalcino、Brunello di Montalcino Riserva

西班牙

西班牙的釀酒葡萄園面積全世界第一，但是乾旱的氣候和農業技術的緣故，總產量卻落在法國、義大利之後，居世界第三。在過去，西班牙因為天氣炎熱，葡萄缺乏酸味，口感上較沉悶，不受國際愛酒人士喜愛。近十年，開始引進新的釀酒技術、觀念後，葡萄酒的品質大幅提升，產生了許多著名的新酒莊，例如Bierzo、Pingus等酒莊。

除了以世界三大強化酒的雪利酒知名外，這個屬於古老的釀酒國度，更擁有許多古老少量的特殊品種，西班牙無論是紅、白葡萄酒都因此擁有獨特的風格與口味，這也是讓許多愛酒人士經常驚喜的驚艷感受。

生產的酒類
- ☑ 紅酒　☑ 白酒
- ☑ 玫瑰紅酒
- ☑ 汽泡酒
- ☑ 強化酒

西班牙葡萄品種

紅葡萄品種

黑格納西（Grenache Noir）
→當地稱為Granecha，為境內種植最廣品種。除了可以釀造酒精度高的紅酒外，也可製成玫瑰紅酒。

田帕拉尼優（Tempranillo）
→西班牙最佳原生種，可以釀造出頂級的紅酒，經常表現出野草莓、香料或是菸草特色香味，具有陳年的潛力。

門西亞（Méncia）
→是加利西亞（Galicia）產區的最佳紅酒品種，以優雅風味見長。

蒙納斯崔（Monastrell）
→西班牙常見紅葡萄品種，通常是顏色清淡，但是風味濃厚的不甜紅酒。

白葡萄品種

愛伊倫（Airén）
→西班牙的重要白葡萄，種植的面積廣大，特別在中部的拉曼加（La Mancha），傳統上釀製深黃色、口味重的類型，但是目前較流行果香味的清爽白酒。

瑪凱貝爾（Macabeo）
→是利奧哈（當地稱為Viura）的重要白葡萄，表現以酸味尖銳的果香味為主。

沙雷洛（Xarel-lo）
→酸味突出，是佩內德斯（Penedés）汽泡酒的原料之一。

帕洛利亞達（Parellada）
→平衡的口感，明顯的花香，適合年輕飲用。也可以釀成汽泡酒。

佩多西梅納（Pedro Ximénez）
→雪莉酒的主要原料。

帕洛米羅（Palomino）
→主要用來製造雪莉酒。

西班牙的主要產酒產地&產區

西班牙葡萄酒主要產區如下：

斗羅河岸
（Ribera del Duero）
足以和利奧哈抗衡的產酒
區，田帕拉尼優紅酒的風
味上更為強勁渾厚。

利奧哈（Rioja）
西班牙最重要的產區，以優質
的田帕拉尼優紅酒聞名於世。

納瓦拉（Navarra）
田帕拉尼優（Tempranillo）
的重要性愈來愈高，酒的口感
細緻。

佩內德斯（Penedés）
優質而多元的產區。

澤利司（Jerez）
舉世聞名的雪莉酒就
是來自於此。

拉曼查（La Mancha）
以生產日常飲用的佐餐酒為大宗。

產區說明

西班牙種植葡萄的面積廣大，但是單位面積產量不高，最著名的產區有：

 利奧哈（Rioja）

利奧哈（Rioja）是西班牙最著名的葡萄酒產區，主要葡萄園分布在埃布羅河
上游兩岸，北面的利奧哈・艾非沙（Rioja Alavesa）地勢較高，豐富的石灰
土地質使得田帕拉尼優（Tempranillo）葡萄為主的紅酒以果香十足、細緻優
雅的口感著名。

埃布羅河南岸最上游地區稱為上利奧哈（Rioja Alta），同樣以田帕拉尼優
（Tempranillo）葡萄細緻的風格聞名，白酒則以當地稱為Viura的瑪凱貝爾
（Macabeo）葡萄品種最主要。在上利奧哈無論是紅、白酒都有均衡細緻的
口感，當地也生產玫瑰紅酒。

下利奧哈（Rioja Baja）地區的氣候乾熱，葡萄品種以黑格納西（Grenache
Noir）為主，生產酒精度高、酒體厚重結實的紅酒。

納瓦拉（Navarra）

位在利奧哈的東北方，傳統上以黑格納西（Grenache Noir）釀造紅酒和玫瑰紅為主。近年大量改種田帕拉尼優，並引進法國的卡本內‧蘇維農（Cabernet Sauvignon）、梅洛（Merlot）、希哈（Syrah）等國際性品種，紅酒的表現更為細緻、豐富。

 ## 斗羅河岸（Ribera del Duero）

足以和利奧哈抗衡的產酒區，最精良的紅酒也是採用田帕拉尼優葡萄釀製，經常混合卡本內‧蘇維農，表現出比利奧哈產區紅酒更強勁渾厚的型態。西邊的潘納福(Peñafiel)和瓦比紐那（Valbuena）是較早發展的傳統產區，著名的酒莊大多來自這一帶。

 ## 佩內德斯（Penedés）

屬於靠近法國的東北地區，西班牙最著名的酒廠Torres坐落在此。佩內德斯葡萄酒非常多元，汽泡酒（Cava）主要是以沙雷洛（Xarel-lo）、帕洛利亞達（Parellada）、瑪凱貝爾（Macabeo）三種葡萄混合釀製，充滿爽口的酸味和青草、礦石的香味；白酒除了傳統的帕洛利亞達（Parellada），也引進夏多內（Chardonnay），酸味豐富迷人；紅酒以黑格納西（Grenache Noir）為主，口味濃重。

 ## 澤利司（Jerez）

是著名的雪莉酒（Sherry）產地，特殊的白石灰土壤適合雪莉酒的原料——帕洛米羅（Palomino）生長。此外雪莉酒的原料還有佩多西梅納（Pedro Ximénez）葡萄和蜜思嘉（Muscat），但是種植的面積較少。

 ## 拉曼查（La Mancha）

以生產日常飲用的佐餐酒為大宗。

西班牙的分級制度

西班牙的分級制度始於1930年，受政府葡萄酒法規管理品質的起步較晚，因此列屬最高等級的產區非常少。整個制度的精神是仿效法國AOC制度，依產區天候、土壤等風土因素來制定產區範圍。最早西班牙的葡萄酒分級依照產區條件分為四個等級，到了2002年後，為了不在法定產區範圍中，卻有特殊條件的優秀酒莊，又在原來的DOCa（保證法定產區）等級上新增了VdP（頂級酒莊）等級。

1　VdP（Vinos de Pago）

頂級酒莊（Vinos de Pago）：2002年加入的新等級，專門為那些獨特風味的酒莊設立（不是產區）。這些酒莊所在地不限定位於法定產區中，但是擁有了獨特的天候、土壤等天然環境和優異釀酒技術。目前有Dehesa del Carrizal、 Marqué de Griñó、Manuel Manzeneque、Sánchez Militerno四家酒莊入選。

2　DOCa（Denominacióne de Origen Calificada）

保證法定產區（DOCa）：是指釀酒葡萄必須是來自特定優質產區，依據規定方法釀製外，更要求必須列入DO等級十年後，才有資格申請。是西班牙葡萄酒法定分級上的最高等級。

目前只有利歐哈（Rioja）和普里奧拉（Priorato）兩個產區入榜。在酒標上，普里奧拉產區使用加泰隆尼亞語，縮寫為DOQ。

3　DO（Denominazióne de Origen）

法定產區（DO）：類似法國的AOC等級，是指包括葡萄的生長所在地來自特定的產區範圍，並依據規定的方法釀製才有資格被列為DO。目前約有60個DO產區。

4　VdT（Vino de la Tierra）

地區佐餐酒（VdT）：高於VdM等級，釀酒的葡萄必須來自特定的區域，因此具有當地風土特色。依據法規，可以在酒標上顯示產區。

5　VdM（Vino De Mesa）

佐餐酒（VdM）：是指酒的風格平淡，是廉價的日常飲酒，屬於最下層的等級。依據法規，不可以在酒標上顯示產區。

解讀西班牙葡萄酒標

DO（法定產區）、DOCa（保證法定產區）這些依據產地自然條件區分等級的葡萄酒，在酒標上通常會標示產區、法定等級、酒莊等資訊。與歐洲其他國家不同的地方是，酒標上亦會標示出專為特殊莊園設定的所謂頂級酒莊（Vinos de Pago）。

另外，利奧哈（Rioja）產區更會標示出橡木桶中的陳年時間，Reserva是品質標示，紅酒必須在橡木桶陳年一年，以及在酒瓶中陳年二年以上，Gran Reserva則是必須在橡木桶陳年二年，以及在酒瓶中陳年三年以上。

❶ 生產者名

代表生產葡萄酒的生產者名，Remelluri是利奧哈產區相當傑出的酒莊。

❷ 釀造等級

Reserva是品質標示，紅酒必須在橡木桶陳年一年，以及在酒瓶中陳年二年以上才可以使用。

❸ 印信

利奧哈產區官方印信。表示這瓶酒通過官方檢驗合格，才獲頒的印信。

❹ 葡萄酒分級

用來標明葡萄酒的等級。「Denominazióne de Origen Calificada」（保證法定產區），為西班牙葡萄酒的最高等級。

❺ 採收年分

該瓶酒所使用的葡萄收成年分。
這瓶酒是採用1990年採收的葡萄所釀製。

❻ 產區

利奧哈RIOJA是西班牙最著名的產區，屬於最高級的DOCa（保證法定產區）。
高於VdT（地區佐餐酒）等級的酒可以標明產地。

❼ 裝瓶者

表示這瓶葡萄酒是在何處裝瓶。「Embotellado en la propiedad」是指由誰來裝瓶，後面會加上裝瓶者的名稱。這瓶酒是由原酒莊Remelluri裝瓶。

西班牙葡萄酒的陳年分級

西班牙有個很特殊的陳年分級規定，在利奧哈產區特別受重視。主要是標示出葡萄酒是否已經在橡木桶陳年和瓶中陳年。換句話說，這些酒上市時就已經達到相當的成熟度，消費者買回去酒可以直接喝，而不需擔心家中陳年儲存的環境問題。當然，依據酒的品質，有些酒可以繼續陳年數年。

等級 ① 特級陳年 Gran Reserva

是指酒經過橡木桶和瓶中陳年的時間。
紅酒在葡萄釀成酒後必須移往橡木桶陳年二年、在酒瓶中陳年三年以上，合計陳年六年以上，才可以出廠銷售。
白酒和玫瑰紅在葡萄釀成酒後，必須移往橡木桶至少陳年半年、瓶中陳年三年半，合計陳年五年後才可以出廠銷售。
符合上述條件的酒，在酒標上會標示「Gran Reserva」。

等級 ② 陳年 Reserva

如同上述的 **Gran Reserva** 特級陳年等級釀造過程，只是 Reserva 陳年的陳年時間較短一些。
紅酒在葡萄釀成酒後，必須先移往橡木桶陳年一年、在酒瓶中陳年二年以上，合計陳年四年後才可以出廠銷售。
白酒和玫瑰紅在葡萄釀成酒後，先移往橡木桶陳年半年、在瓶中陳年一年半，合計陳年三年後才可以出廠銷售。

等級 ③ 熟成 Crianza；Vino de Crianza

Cranza 為西班牙文培養的意思。是指紅酒在葡萄釀成酒後必須先經過橡木桶陳年一年以上（有些產區只要求半年），且需在瓶中陳年一年以上，合計陳年三年後才可以上市出售。
未經過陳年程序的，被稱為 sin crianza 或是 Joven。

近20年重要年分

年分\類型	88	89	90	91	92	93	94	95	96	97	98	99	00	01	02	03	04	05	06
利奧哈							★	★						★			★	★	

法國
德國
義大利
西班牙
美國
阿根廷
智利
澳洲
紐西蘭
南非

西班牙酒標常見用詞

分類	西班牙文	中文
釀造者	Cooperativa Viticola	釀酒合作社
釀造的葡萄	Cepa Vieja	老藤；意味著葡萄來自於年老的樹藤。
甜度	Bruto	非常不甜，相當於法文的Burt；汽泡酒每公升的含糖量不得高於15公克。
	Demi-Seco	微甜
	Dulce	甜；相當於英文的Sweet
	Seco	不甜；相當於英文的Dry。
色澤	Rosado	玫瑰紅酒
	Blanco	白色
	Tinto	紅色
其他	Pago	葡萄園
	Vino	葡萄酒

西班牙的重要酒莊與產品

酒莊名稱	Vega Sicilia	Álvaro Palacios
產地	斗羅河岸	上利奧哈
類型	紅	紅
品種	田帕拉尼優、卡本內‧蘇維儂、梅洛、馬爾貝克	卡本內‧蘇維儂
風味描述	強勁、豐富的口感。咖啡、菸草、香料、雪松的強烈香味。	強烈口感的皮革、黑梅、核桃木香味。
最佳年分	74、75、76、79、82、94、95、04	98、99、00、01、02、03、04
代表作品	Vega Sicilia, Unico；Vega Sicilia, Valbuena	L'Ermita；Finca Dofi

美國

美國是歐洲國家法國、義大利、西班牙以外最大的葡萄酒生產國，也是全世界排名第一的葡萄酒消費國。美國充分運用科技改良葡萄種植技術，如葡萄業者在政府協助下運用衛星系統設備進行四季監控、追蹤降雨量變化，讓葡萄的品質更穩定，產量更高。

美國的葡萄酒絕大多數都產自加州，通常表現出較歐洲大陸更為豐厚直接的風格。美國的葡萄酒法規比較鬆散，沒有嚴苛的分級制度。只對葡萄品種、產區在酒標上的標示方法有規定。

生產的酒類
- ☑ 紅酒　☑ 白酒
- ☑ 玫瑰紅酒
- ☑ 汽泡酒
- ☐ 強化酒

美國葡萄品種

紅葡萄品種

卡本內·蘇維儂
（Cabernet Sauvignon）
→加州納帕谷可以說是歐洲以外最傑出的產地，不但品質優異，不同的酒廠都有自己獨到的風格。

→黑皮諾（Pinot Noir）
以奧勒岡州最受肯定，是黑皮諾愛好者不可錯過的佳釀。優雅內斂，果香明顯，也較早熟。

金芬黛（Zinfandel）
→最能代表加州的品種，除了廉價的甜味玫瑰紅外，紅酒更是出色。

梅洛（Merlot）
→除了單獨使用通常表現出肥厚奔放的風格外，也與卡本內·蘇維儂混合，調配類似波爾多風格。

希哈（Syrah）→逐漸流行的品種，種植面積愈來愈廣。

白葡萄品種

夏多內（Chardonnay）
→是美國種植面積最廣的品種，和法國相比有更多的熱帶果香、口感較濃郁。

麗詩鈴（Riesling）
→在較涼爽的奧勒岡和華盛頓州有較好的成果。

白蘇維儂（Sauvignon Blanc）
→容易入口的風格相當受到歡迎，種植面積相當廣。

格烏茲塔明那（Gewürztraminer）
→以奧勒岡州最受矚目，通常成熟迅速，獨特的辛香香氣較難掌握。

白梢楠（Chenin Blanc）→以清爽容易入口的類型居多。

美國的主要產酒產地&產區

美國葡萄酒主要產區如下：

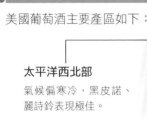

 美國

太平洋西北部
氣候偏寒冷，黑皮諾、
麗詩鈴表現極佳。

加州
美國最重要的葡萄酒產區，占有全
國90%以上的產量。無論是葡萄種
類豐富度、品質與產量均佳，也是
世界品酒會的常勝軍。

產區說明

幾乎所有的主要品種在美國都可以找到，品項豐富。

加州

索諾馬郡（Sonoma County）

索諾馬郡氣候和土質變化多端，酒的種類和多變風格居加州酒之冠。俄羅斯河谷（Russian River）氣候涼爽，黑皮諾表現出細緻優雅；夏多內的酸味鮮明。溫暖的索諾馬谷（Sonoma Valley）卡本內·蘇維儂均衡優雅，精采無比。乾河谷（Dry Creek Valley）境內擁有眾多百年金芬黛老藤，發展出難能可貴的強勁和細膩，是最佳金芬黛產區。

納帕谷（Napa Vally）

加州最重要的產區，也是全世界注目的焦點之一。舖滿火山岩土地的鹿跳區（Stage's Leap）以豐厚的果香和適當的酸味表現出卡本內·蘇維儂的丰采。拉瑟弗德（Rutherford）與奧克維爾（Oakville）區域的卡本內·蘇維儂以優雅的果香和強健的口感展現另種風貌，表現絕佳。

太平洋西北部（Pacific Northwest）

奧俄岡州（Oregon）

海風帶來濕冷的天候，非常適合黑皮諾、灰皮諾、夏多內、麗詩鈴、格烏茲塔明那生長，其中黑皮諾被讚譽為僅次於勃根地的最佳產區。

華盛頓州（Washington）

華盛頓州紅酒除了卡本內·蘇維儂外，以梅洛的表現最令人驚艷。白葡萄裡雖然夏多內的種植面積廣大，但是麗詩鈴的表現更為精采。

解讀美國葡萄酒標

相較於歐洲舊世界產國，美國的葡萄酒法規較為鬆散，沒有特殊的分級制度。只有個別酒莊推出高低品質不同系列的酒款，不同系列酒款之間的價格和品質都有很大的差距，購買時要留意，或請教商家。

美國的葡萄酒法規對酒標的標示方法有其規定，如在酒標上標出葡萄品種，則表示這瓶酒需有75%以上是由該品種的葡萄所釀製。若是在酒標上標明產區，則需使用85%以上該地所生產的葡萄，才准許標示。

❶ 生產者名

生產這瓶酒的製造者。這瓶酒為「Heitz Cellar」酒莊釀造，為納帕谷知名酒莊，特別是來自瑪莎葡萄園的卡本內·蘇維儂的表現一直受到讚賞。

❷ 採收年分

該瓶酒所使用的葡萄採收年分。
這瓶酒是採用1989年採收的葡萄所釀製的紅酒。

❸ 產地

是指釀酒用的葡萄有85%種植於該產區。
這瓶酒的酒標表示這瓶酒的葡萄85%來自加州那帕谷。

❹ 葡萄品種

標示這瓶酒使用的葡萄品種。依規定，釀製葡萄必須75%以上採用同一品種才能標示於酒標。這瓶酒使用了至少75%的卡本內·蘇維儂（CABERNET SAUVIGNON）當成釀造原料。

❺ 裝瓶者

表示這瓶葡萄酒在哪裡種植葡萄、生產釀造、裝瓶。「PROCUCED AND BOTTLED IN OUR CELLARS BY+酒莊或酒廠名」（由原酒莊或酒廠裝瓶），這瓶酒由「HEITZ WINE CELLARS」酒廠裝瓶。

法國 德國 義大利 西班牙 **美國** 阿根廷 智利 澳洲 紐西蘭 南非

美國的重要酒莊與產品

酒莊名稱	Clos du Val	Hanzell	Domain Drouhin
產地	納帕谷	索諾馬郡	奧勒岡州
類型	紅	白	紅
品種	卡本內·蘇維儂	夏多內	黑皮諾
風味描述	雪松、黑醋栗香味迷人，口感豐厚，可以陳年。	產量少、品質高的小莊園，優雅豐富。	口感如絲般細緻、風味豐富。
最佳年分	95、97	00	00、01、05
代表作品	Clos du Val Cabernet Sauvignon	Hanzell Chardonnay	Domain Drouhin Pinot Noir

阿根廷

阿根廷葡萄酒產量世界排行第五，也是南美洲產量最多的國家。儘管氣候環境適合紅葡萄生長，但過去多生產符合龐大內需的白酒。近年來，優越的環境吸引國外投資，阿根廷開始注重外銷市場，並引進更多的國際品種，紅酒的重要性日增，成為南半球極其耀眼的酒國新星。

阿根廷的白酒表現，在國際上的評價遠不如紅酒，風味以清淡爽口居多，而紅酒的表現則相當粗曠豪放，無論是來自西班牙的田帕尼優、義大利的山吉歐維列、法國的梅洛、希哈都有不錯表現。特別是卡本內·蘇維儂和馬爾貝克最受到矚目。

生產的酒類

☑紅酒 ☑白酒
☐玫瑰紅酒
☐汽泡酒
☐強化酒

阿根廷葡萄品種

紅葡萄品種

卡本內·蘇維儂
（Cabernet Sauvignon）
→除了馬爾貝克外，是門多薩另一個受矚目的品種，酸味豐富。

希哈（Syrah）
→希哈的品質逐漸受到肯定。

黑皮諾（Pinot Noir）
→表現平平。

梅洛（Merlot）
→品質逐漸受到肯定。

馬爾貝克（Malbec）
→門多薩省傳統上使用的紅葡萄品種，香氣野性十足，酒精濃度高，頗具特色。

山吉歐維列（Sangiovese）
→較熱的天氣使得表現上不及原產地義大利。

田帕尼優（Tempranillo）→較熱的天氣使用評價上不及原產地西班牙。

白葡萄品種

榭密雍（Sèmillon）
→門多薩省、聖胡安省傳統上使用的白葡萄品種。

夏多內（Chardonnay）
→屬於阿根廷較重要的白葡萄品種，逐漸受到矚目。

麗詩鈴（Riesling）
→沒有受到太多的矚目。

白梢楠（Chenin Blanc）
→比較精彩的產區在門多薩省，是阿根廷較重要的白葡萄品種。

托羅帖（Torrent）
→阿根廷代表性的白酒，氣味豐富的花香、果香，新爽順口。

阿根廷的主要產酒產地&產區

阿根廷葡萄酒主要產區如下：

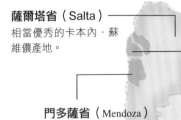

薩爾塔省（Salta）
相當優秀的卡本內·蘇維儂產地。

聖胡安省（San Juan）
第二大產區，主要是日常性的飲料。

門多薩省（Mendoza）
品質與產量都是阿根廷第一。

黑河省（Rio Negro）
白酒為主的寒冷產區。

南美洲

產區說明

幅員廣大的阿根廷，葡萄酒的主要產區分布在南緯22~42度的安地斯山脈東麓，集中在聖胡安省（San Juan）和門多薩省（Mendoza）兩大產區，兩省產量大約占總產量的92%。

門多薩省（Mendoza）

占據了阿根廷70％以上的生產量，也占據全國唯一的兩個法定產區聖拉法葉（San Rafael）和路漢得酷玖（Luján de Cuyo），是最主要的葡萄酒產區。紅酒以卡本內·蘇維儂、馬爾貝克最主要。白酒則是以謝密雍為主。

聖胡安省（San Juan）

接近占有全國20％的產量，是第二大產區。白酒的比重較高，大多是屬於廉價日常的飲料。

黑河省（Rio Negro）

氣候寒冷，以白酒較多，特別是謝密雍。

薩爾塔省（Salta）

在高海拔的葡萄園有優異表現，尤其是卡本內·蘇維儂，和來自西班牙的白酒品種托羅帖（Torrent）。

法國 德國 義大利 西班牙 美國 阿根廷 智利 澳洲 紐西蘭 南非

解讀阿根廷葡萄酒標

阿根廷是南美洲唯一有類似歐洲法定產區規定的產酒國，稱為
Denominacion de Origen（DOC），但是並未受到國際市場的重視。雖
然如此，產區資訊還是可以給予一瓶酒的基本風格的資訊。因此還是建
議還是先找到產區來判斷風格，接著再搜尋釀酒酒莊的信譽。

阿根廷的酒標資訊比起法國等舊世界國家簡單，會標示的內容有酒名、
產區、年分、葡萄品種。

❶ 採收年分

表示葡萄採收的時間是
2004年。

❷ 酒名

新世界的酒廠通常會以對
酒莊有特殊意義的事物，
或是附近的地物、景觀⋯
命名。
Val de Flores，中文是花之
谷的意思。

❸ 產區

標明釀製葡萄酒的葡萄來
自哪一個產區。這瓶酒的
釀製葡萄來自於阿根廷最
重要的產酒區
MINDOZA門多薩，質量
均優。

❹ 葡萄酒種類

標明葡萄酒的種類。
「Vino Tinto」是西班牙文紅葡萄酒的意思。

❺ 出產國

PRIDUCCION ARGINTINA表示為阿根廷的
產品。

阿根廷的重要酒莊與產品

酒莊名稱	Bodega Monteviejo	Etchart
產地	門多薩省	薩爾塔省
類型	紅	白、紅
品種	馬爾貝克	馬爾貝克
風味描述	黑色漿果香味明顯，略帶動物性香味，圓潤飽滿。	表現深重的水果、辛香料香味
代表作品	Val de Flores	Etchart Malbec

智利

國土極度狹長的智利，葡萄酒產區集中在中部地區。耀眼燦爛的陽光，日夜溫差大，加上病蟲害極少，是少見的葡萄生長理想環境，種植的葡萄多為國際化品種，如卡本內‧蘇維儂（Cabernet Sauvignon）、梅洛（Camenére），葡萄酒多以單一品種葡萄釀造。智利葡萄酒以出口為導向，除了品質優異外，價格經常讓人有物超所值的驚喜。

生產的酒類
☑紅酒　☑白酒
□玫瑰紅酒
☑汽泡酒
□強化酒

智利葡萄品種

紅葡萄品種

卡本內‧蘇維儂
（Cabernet Sauvignon）
→阿空卡瓜地表現出結實有勁的風味，有相當好的評價。

梅洛（Camenére）
→不是真正的梅洛，而是卡麥芮（Camenére），可以說是智利代表性的品種。

黑皮諾（Pinot Noir）
→以中央谷地的表現較佳。

希哈（Syrah）
→近年開始引進的品種。

巴伊斯（Pais）
→主要生產在南部谷地，釀成日常飲用的評價酒居多。

白葡萄品種

白蘇維儂（Sauvignon Blanc）
→高品質的白蘇維儂主要來自阿空瓜地的南部。

夏多內（Chardonnay）
→與白蘇維儂相同，高品質的夏多內主要來自阿空卡瓜地的南部。

榭密雍（Sèmillon）
→阿空卡瓜谷地南部的表現較佳，也有貴腐酒的類型。

蜜思嘉（Muscat）
→主要供國內市場飲用。

國土南北狹長的智利，北邊過熱、南邊過冷都不適合葡萄生長，所以釀酒葡萄集中在國土的中部地區。北邊的阿空卡瓜（Aconcagua）是最炎熱的產區，葡萄酒的風格相當強勁夠味。中央谷地（Central Valley）較為涼爽，葡萄酒的品質相當良好。

阿空卡瓜（Aconcagua）
氣候差易大，品種多元。

中央谷地（Central Valley）
智利最佳的葡萄產區。

南美洲

南區谷地（Southern Valley）
日常廉價酒為主力。

 產區說明

國土南北狹長的智利，北邊過熱、南邊過冷都不適合葡萄生長，所以釀酒葡萄集中在國土的中部地區。北邊的阿空卡瓜是最炎熱的產區，酒的風格相當強勁夠味。中央谷地較為涼爽，酒的品質相當良好。

阿空卡瓜（Aconcagua）

此區南北氣候差異極大，北方靠近沙漠的阿空卡瓜谷（Valla de Aconcagua）氣候乾熱，卡本內·蘇維儂厚實強勁。南區涼爽的卡薩布蘭加谷（Valle de Casablanca）生產優質的夏多內和白蘇維儂。

中央谷地（Central Valley）

是智利自然環境最佳的葡萄產區，重要的酒廠也都聚集在此。最北的美依波谷（Valle de Maipo）的卡本內·蘇維儂、黑皮諾都十分出色，是智利最佳產地之一。

南區谷地（Southern Valley）

以西班牙古老品種巴伊斯（Pais）最為常見，是廉價日常飲料型葡萄酒的主要原料。

解讀智利葡萄酒標

智利沒有制定法定產區的法規，酒標上只會看到三個主要產區名稱，或是更小的區域產區，但是沒有分級。而以外銷為導向的智利葡萄酒，酒標是以英文標示各種資訊。

❶ 合作酒廠

「Baron Philippe de Rothschild」為法國波爾多梅多克的五大酒莊之一，「Vina Concha y Toro」為智利第一大酒廠。這瓶酒為法國五大酒莊之一與智利酒廠跨國合資的知名作品。

❷ 年分

採收年分，說明這瓶酒的葡萄是採收於2001年。

❸ 酒名

如同其他新世界，酒名通常為業者自訂。
這瓶酒的命名取自莫札特費加洛婚禮中的人物「Almaviva」。

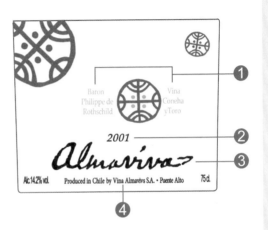

❹ 產區

表示葡萄酒釀製原料的產區。這瓶酒的釀造葡萄來自智利的美依波谷的Puente Alto。

法國 德國 義大利 西班牙 美國 阿根廷 智利 澳洲 紐西蘭 南非

智利的重要酒莊與產品

酒莊名稱	孔雀酒廠（CONCHA Y TORO）	伊拉蘇酒廠（Errázuriz）
產地	中央谷地	中央谷地
類型	紅	白
品種	卡本內‧蘇維儂、梅洛（Camenére）、卡本內‧佛郎	白蘇維儂
風味描述	黑色漿果的香味為主，口感豐富濃郁。	引人入勝的芳香青草氣息。
代表作品	Almaviva puente alto	Errázuriz Sauvignon Blanc

澳洲

澳洲廣大的土地，擁有特殊和多變的地理環境，加上新穎的釀酒設備，澳洲已經成為葡萄酒國度中閃耀的明星，甚至是許多專家心目中南半球最佳葡萄酒產國。

澳洲的葡萄品種以國際性的品種為主，紅酒除了卡本內・蘇維儂表現優異外，最具代表性的品種則非希哈莫屬，口感強勁飽滿，香氣濃郁；白酒則以充滿奶油香氣的夏多內最為矚目。無論是紅、白酒，澳洲酒都呈現一種極度自信的奔放香味。而澳洲也的確是全球最具實驗性的產酒國，大膽地創立種種獨特的風格。

生產的酒類
☑紅酒　☑白酒
☑玫瑰紅酒
☑汽泡酒
☑強化酒

澳洲葡萄品種

紅葡萄品種

卡本內・蘇維儂
（Cabernet Sauvignon）
→是世界級的卡本內・蘇維儂產區，酒體濃厚，香味直接，經常表現出特殊的薄荷、尤佳利的涼爽氣味。

希哈（Syrah）
→是澳洲紅酒最具有代表性的品種，無論是單獨使用或是與卡本內・蘇維儂混合釀造，口感雄勁，香味以巧克力、皮革、紫羅蘭等厚重的氣味為主。

黑皮諾（Pinot Noir）
→經常釀成酸味清脆的汽泡酒，維多利亞省的黑皮諾果香豐富，表現突出。

梅洛（Merlot）
→香味比其他產區外放直接，果香味濃。除了單獨釀造外，也經常和卡本內・蘇維儂混合使用。

馬爾貝克（Malbec）→表現平平。

白葡萄品種

榭密雍（Sèmillon）
→獵人谷的榭密雍最具特色，陳年後香味富有層次，是澳州最具代表性的白酒。

夏多內（Chardonnay）
→栽植的面積廣大，澳洲的夏多內因溫暖天候和橡木桶發酵的因素，有種奶油般的濃郁香味和口感，顏色經常呈現亮麗的金黃色。

麗詩鈴（Riesling）
→麗詩鈴通常比德國、阿爾薩斯有更強的酒精度，是麗詩鈴在歐洲以外的重鎮。

白蘇維儂（Sauvignon Blanc）
→愈來愈受到重視的品種，表現也愈來愈佳。

蜜思嘉（Muscat）→沒有太受到矚目，主要是釀成強化酒。

澳洲的主要產酒產地&產區

澳洲葡萄酒主要產區如下：

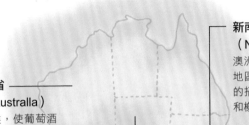

新南威爾斯省
（New South Wales）
澳洲最早發展釀酒事業的地區，其中獵人谷是澳洲的招牌產酒區，其中希哈和榭密雍最引人注目。

西澳大利亞省
（Western Australla）
多變的微氣候，使葡萄酒的表現愈來愈精彩，以卡本內‧蘇維儂最受到矚目、梅洛也相當傑出。

維多利亞省（Victoria）
澳洲較為寒冷的葡萄生長地帶，麗詩鈴、黑皮諾表現優異；是澳洲最佳汽泡酒產區。

南澳大利亞省（South Australla）
澳洲最著名的葡萄產區，明星酒廠聚集。

產區說明

澳洲的葡萄酒主要集中在國土的東南和西南角落，其餘地區的天氣過於極端，屬於沙漠或是雨林氣候，非常不適合葡萄生長。

以行政區域來區分，澳洲葡萄酒分布在新南威爾斯省（New South Wales）、維多利亞省（Victoria）和南澳大利亞省（South Australla）三個省分；以及西澳大利亞省的西南部分。

① 新南威爾斯省

獵人谷（Hunter Valley）

位於雪梨北方的獵人谷，是澳洲釀酒事業最早發展的地區。分為上獵人谷（Upper Hunter Valley）、下獵人谷（Lower Hunter Valley）兩區。最精華地段是在下獵人谷（Lower Hunter Valley），無論紅、白酒都有他處少見的特殊風格。最特別的是榭密雍，酒精度低、酸度極高，陳年後風味層次豐富，是最具特色的白酒；夏多內以橡木桶發酵，有特殊的奶油柔軟肥厚口感；強勁的希哈也發展出少見的柔順細膩。

法國
德國
義大利
西班牙
美國
阿根廷
智利
澳洲
紐西蘭
南非

維多利亞省

亞拉谷（Yarra Valley）

屬於寒冷的葡萄生長地帶，果香宜人的黑皮諾可以説是全澳第一；夏多內均衡優雅相當亮眼；麗詩鈴和白蘇維儂也有優秀表現。而以黑皮諾、夏多內釀製的汽泡酒也是澳洲最好的作品。

南澳大利亞省

巴羅莎谷（Barossa Valley）

澳洲最著名的產區，重量級的酒廠Penfolds、Seppelt、Orlando、Smith & Sons都聚集在此。希哈擁有飽滿的紅黑色，和濃郁圓潤的單寧口感、豐富的巧克力、黑李的氣味，是澳洲的代表作。白酒產量雖然不多，但是麗詩鈴無論是不甜或是貴腐甜酒型，皆頗受好評。

克雷兒谷（Clare Valley）

此處以麗詩鈴最有名氣，表現出檸檬、蘋果等酸味果香，口味清爽多酸。

阿德雷德丘（Adelaide Hills）

德國移民帶來故鄉的麗詩鈴，口感綿密細緻，是澳洲最佳麗詩鈴。涼爽的氣候，讓希哈除了強勁的本性外，又多了細膩和高雅，值得品嚐。

冠納瓦拉（Coonawarra）

冠納瓦拉的特殊紅土，培育出澳洲最傑出的卡本內‧蘇維儂，結實有勁、餘味豐富。

西澳大利亞（Western Australia）

天鵝谷（Swan Valley）

是西澳大利亞的葡萄酒起源地，過去以強化酒著名。目前以白梢楠白酒為主，品質不如維多利亞或是南澳大利亞，以平價的白酒為大宗。

瑪格麗特河（Margaret River）

以卡本內‧蘇維儂最受到矚目，架構結實，顏色深厚，除了單獨釀造外，與梅洛混合的成果也相當優異。白酒則無論是夏多內、白蘇維儂、榭密雍都有一定的水準。

解讀澳洲葡萄酒標

澳洲葡萄酒產地標示（Geographical Indication, GI）制度類似類似舊大陸法定產區的規範，表示釀酒葡萄有85%是來自該產區，但是沒有分等級，只是保護產區名稱避免遭到濫用。也沒有限制一定要標示葡萄品種，但若是標示單一品種則表示有85%的原料是來自該品種。

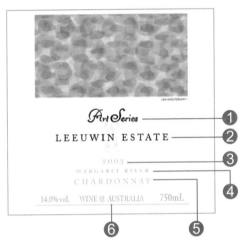

❶ 等級

Leeuwin Estate酒莊有自己各種不同等級的系列。Art Series為其中的一個系列。

❷ 酒莊

代表生產葡萄酒的生產者名。Leeuwin Estate是澳大利亞省著名酒莊。

❸ 採收年分

該瓶酒所使用的葡萄收成年分。
這瓶酒是採用2003年採收的葡萄所釀製。

❹ 產區

標明釀製葡萄酒的葡萄來自哪一個產區。這瓶酒的釀製葡萄來自於Margaret River（瑪格麗特河）。當地的夏多內白酒有一定的水準。

❺ 葡萄品種

標示釀製葡萄酒的葡萄品種。
這瓶酒是由夏多內（Chardonnay）釀製。

❻ 產國

說明是來自澳洲的酒。

澳洲的重要酒莊與產品

酒莊名稱	Mount Mary	Base Phillip
產地	亞拉谷	維多利亞
類型	紅	紅
品種	卡本內·蘇維儂、梅洛、卡本內·佛郎、小維多	黑皮諾
風味描述	具有波爾多風味	產量極少，足以媲美勃根地。
最佳年分	88、90、92、95、96、97、98、00	91、94、97、02
代表作品	Mount Mary Cabernets	Base Phillip Reserve Pinot Noir

法國
德國
義大利
西班牙
美國
阿根廷
智利
澳洲
紐西蘭
南非

紐西蘭

紐西蘭是全世界最南端的產區，高緯度的氣候讓白酒的表現比紅酒更為傑出。純淨的自然環境，孕育出葡萄酒特殊的潔淨美感，表現出富有層次豐富的果香，和明亮宜人的酸味。

葡萄酒的總產量雖然不高，卻是世界葡萄酒愛好人士的目光焦點。其中以白蘇維儂和黑皮諾最為耀眼。

生產的酒類
- ☑ 紅酒　☑ 白酒
- ☐ 玫瑰紅酒
- ☑ 汽泡酒
- ☐ 強化酒

紐西蘭葡萄品種

紅葡萄品種

黑皮諾（Pinot Noir）
→是紐西蘭最引人注目的紅酒品種，口感細緻柔和、酸度高、香味外放。

卡本內·蘇維儂（Cabernet Sauvignon）
→過於寒冷的天氣、卡本內·蘇維儂不容易充分成熟，以北島表現較佳。

梅洛（Merlot）
→主要種植於北島，早熟的品種特性，品質日漸受到肯定。

希哈（Syrah）
→主要種植於北島，品質的表現上並沒有特別出色。

白葡萄品種

白蘇維儂（Sauvignon Blanc）
→是紐西蘭白酒代表品種，頗受國際注目。果香明亮、酸味輕快。

夏多內（Chardonnay）
→北島的吉斯本（Gisborne）表現出肥厚口感，和百香果的熱帶果香。

麗詩鈴（Riesling）
→以南島的尼爾生（Nelson）最著名，除了新鮮果香的不甜白酒外，貴腐甜酒也相當知名。

格烏茲塔明那（Gewürztraminer）
→是法國阿爾薩斯及美國奧勒岡州以外最受好評的的產區。

灰皮諾（Pinot Gris）
→清爽無比的口感，伴隨芒果等熱帶水果香味。以馬丁堡鎮表現最為傑出。

紐西蘭的主要產酒產地&產區

紐西蘭葡萄酒主要產區如下：

馬丁堡鎮
（Martinborough）
是世界級的黑皮諾產的，
各類型白酒也廣受讚賞。

北島

霍克斯灣（Hawkes Bay）
是紐西蘭卡本內‧蘇維儂最好
的產地。

馬爾堡（Marlborough）
著名產區，以白蘇維儂最具特色。

南島

中奧塔哥（Central Otogo）
紐西蘭少有的大陸性氣候，各類型酒都
風格強烈。

產區說明

紐西蘭是全球葡萄酒生產的最南端，高緯度的寒冷氣候限制了葡萄的生長，
因此能生產葡萄酒的區域並不多。過多的雨水讓紐西蘭的重要產地只能集中
在雨量較少的東半部，但是陰涼的氣候卻也造就出細緻、清新的特殊風格。

北島

天氣較為溫暖的北島，以紅酒較多。

霍克斯灣（Hawkes Bay）

氣溫雖然不高，但是日照豐富，加上豐富的岩層變化，是全國最古老和最受
矚目的優良產區。梅洛表現良好，卡本內‧蘇維儂風味濃重，是全國最好的
產地。白酒方面，夏多內較受到好評。

南端天氣較為涼爽，以黑皮諾最有代表性。特別是馬丁堡鎮
（Martinborough）所產的黑皮諾果香濃郁、酸味豐富，極具特色。此外，無
論是夏多內、白蘇維儂、灰皮諾或是貴腐型的麗詩鈴有都有國際水準。

南島

氣候寒冷，以酸味高昂的白酒為主。

馬爾堡（Marlborough）

白蘇維儂酸度高，著名的青草、熱帶果香，是紐西蘭的代表作。夏多內、麗
詩鈴、灰皮諾、黑皮諾也表現出高緯度的清爽。

法國

德國

義大利

西班牙

美國

阿根廷

智利

澳洲

紐西蘭

南非

屬於氣候變化劇烈的大陸型氣候，長而寒冷的成熟期讓麗詩鈴、夏多內、格烏茲塔明那風格強烈，尤其是黑皮諾，果香悠揚、口感柔順多酸，是新世界葡萄酒的超級新星。

解讀紐西蘭葡萄酒標

　　紐西蘭的葡萄酒通常是單一品種，因此在酒標上先找出葡萄品種，可以快速地知道這瓶酒的基本風味。接下來再注意產區和酒廠，因為受到氣候的侷限，產區不多，產區的風格、特色資訊也相對容易掌握。

❶ 酒廠
標明這瓶酒的製造者。這瓶酒為「Babich」酒廠所釀造，為紐西蘭最有歷史的酒廠之一。

❷ 產區
表示葡萄酒釀製原料的產區。這瓶酒使用來自「Marlborough」（馬爾堡）的葡萄所釀造。

❸ 葡萄品種
標示這瓶酒使用的葡萄品種。這瓶酒使用黑皮諾（Pinot Noir）葡萄釀製。

❹ 產國
表示為紐西蘭生產的酒。

紐西蘭的重要酒莊與產品

酒莊名稱	Dry River	Cloudy Bay
產地	馬丁堡鎮	馬丁堡鎮
類型	白	白
品種	灰皮諾	白蘇維儂
風味描述	俐落清爽，表現蘋果、水梨、芒果的複雜果香。	純淨的綠葉、果香
最佳年分	03、05	05
代表作品	Dry River Pinot Girs	Cloudy Bay Sauvignon Blanc

南非

以外銷為主的南非葡萄酒，國際知名品種的種植面積愈來愈廣，無論是品質或是產量都有愈來愈好的趨勢。奇妙地融合了舊世界的優雅風格和新世界的奔放氣息，已經成功地打入歐美市場，成為葡萄酒的第八大生產國，是南半球讓人期待的產酒大國。

生產的酒類
☑紅酒　☑白酒
☑玫瑰紅酒
☑汽泡酒
☑強化酒

南非葡萄品種

紅葡萄品種

卡本內・蘇維儂
（Cabernet Sauvignon）
→是南非紅酒的主要品種。

黑皮諾（Pinot Noir）
→種植面積逐漸增加，品質受到肯定。

仙梭（Cinsault）
→來自法國南部的品種，淺紅的酒色和清爽果香為主。

皮諾沓奇（Pinotage）
→黑皮諾和仙梭的混種，1926年引進南非。強勁粗獷，香味相當外放，是南非最具特色的品種，表現遠勝過其他產區。

希哈（Syrah）
→也是逐漸增加的品種，在西南沿海的表現相當均衡。

白葡萄品種

白梢楠（Chenin Blanc）
→南非通常以Steen稱呼，是南非最重要的白葡萄品種，風格多元，除了甜與不甜的類型之外，也製成汽泡酒。

夏多內（Chardonnay）
→近年來大量增加種植面積，酸味豐富可口。

麗詩鈴（Riesling）
→主要在沿海的涼爽區域種植，清爽順口。

白蘇維儂（Sauvignon Blanc）
→酸味明顯，容易入口。

榭密雍（Semillon）
→順口容易飲用的類型。

蜜思嘉（Muscat）
→以帶有甜味的葡萄酒類型居多。

法國

德國

義大利

西班牙

美國

阿根廷

智利

澳洲

紐西蘭

南非

南非的主要產酒產地&產區

南非葡萄酒主要產區如下：

非洲

法蘭修克（Franschhoek）

帕爾（Paarl）

西南沿岸地區
最主要的葡萄酒
產區，也是最精
華的區域。

史泰勒布希
（Stellenbosh）

小卡羅區（Klein Karoo）
在這裡可以找到南非版的雪莉
酒和波特酒。

沃克灣（Walker Bay）
涼爽的氣候，麗詩鈴和黑皮
諾表現不錯。

產區說明

南非的氣候乾燥炎熱，不用擔心葡萄不夠成熟的問題，反而經常有過熟，而
缺乏細緻感的問題。只有西南沿岸西開普省（Western Cape），有洋流的調
節，氣候較為涼爽，重要的葡萄園都集中在這一區。內陸的產區主要是小卡
羅區（Klein Karoo），以生產一般的紅、白酒和強化酒。

 西南沿岸地區

帕爾（Paarl）

長而熱的夏天、乾燥的冬季，讓國際性品種的麗詩鈴、夏多內、白蘇維儂、
卡本內・蘇維儂、希哈、梅洛等品種都有不錯的表現，是許多知名的南非酒
廠聚集的產地。

史泰勒布希（Stellenbosh）

鄰近福爾斯灣（False Bay），洋流帶來較涼爽的天氣，讓葡萄酒表現出高雅
細緻的風情，是南非最佳產地。

法蘭修克（Franschhoek）

很小的產區，但是葡萄品種非常多元，像是榭密雍、梅洛、黑皮諾、卡本
內・佛郎都有種植。是南非的主要汽泡酒生產中心。

 沃克灣（Walker Bay）

有海洋調節氣候，涼爽的天氣讓麗詩鈴、夏多內、黑皮諾有很好的表現。

3 小卡羅區（Klein Karoo）

十分乾熱的產區，以出產日常的紅、白酒為主。真正的好酒是以蜜思嘉釀成的甜酒，以及雪莉和波特等強化酒。

解讀南非葡萄酒標

南非為英語系國家，相對於其他外國語酒標讀起來較不費力氣。南非酒廠的聲譽的重要性可能勝過產區等資訊，所以請特別注意酒廠名。酒廠名通常會放在酒標明顯的位置，並且使用較大的字體。如果不確定也可以在瓶身的背後進口商資料上可以找到。有了酒廠名稱之後，再利用網路或是其他資訊來源，判斷酒的風格和價值。

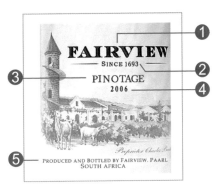

❶ 酒廠
釀造葡萄酒的生產者。Fairview是南非著名的釀酒公司，以隆河谷風格著稱。也是著名的羊乳酪公司，所以酒標上會出現山羊。

❷ 公司創始年
葡萄酒公司的創始年分，此為1693年創立。

❸ 葡萄品種
標示釀製葡萄酒的葡萄品種。這瓶酒是由皮諾沓奇（Pinotage）葡萄釀製，是黑皮諾和仙梭的混種，為南非特有的品種。

❹ 採收年分
該瓶酒所使用的葡萄收成的年分。這瓶酒是採用2006年採收的葡萄所釀製的紅酒。

❺ 裝瓶者
表示這瓶葡萄酒在哪裡種植葡萄、生產釀造、裝瓶，標示為「PROCUCED AND BOTTLED BY+酒莊或酒廠名」，表示由原酒莊或酒廠莊瓶。這瓶酒是由「FAIRVIEW」酒廠裝瓶。

南非的重要酒莊與產品

酒莊名稱	La Motte	Thelema Mountain vineyards
產地	法蘭修克	史泰勒布希
類型	汽泡酒	紅酒
品種	白蘇維儂	卡本內‧蘇維儂
風味描述	清爽、微甜，果香飽滿。	成熟的果香和特殊的薄荷清涼。
代表作品	La Motte Sauvignon Blanc	Thelema Cabernet Sauvignon

🍇如何買葡萄酒

如果對購買葡萄酒沒有任何概念，心中也沒有判斷的準則，
可能買到價格不實惠，也不符合需求的酒。

本篇從教你挑選專業、值得信賴的賣場開始，提供你挑選理
想葡萄酒的基本步驟及依據，看完本篇，通常對挑選適宜的
葡萄酒已經有了相當的概念。

• 本篇教你

- 挑選適合、值得信賴的賣場
- 挑對理想的葡萄酒
- 學會與銷售人員溝通
- 聽懂常見的描述術語

葡萄酒的購買場所

買葡萄酒，特別是買價格不低的好酒時，需要更謹慎小心些。在銷售門市能不能得到專業的協助，買到品質穩定的酒，在某些小地方可以看出來。透過這些觀察，可以安心地買酒回家，少繳一些學費。

 ## 如何挑選賣場

專業值得信賴的賣場可以讓你挑到適合自己、符合自己需求的葡萄酒，以下四點可做為挑選賣場的參考：

 ### 光線

光線是一種能量，無論是大自然的陽光，或是人造的日光燈、鹵素燈……，都會觸發許多化學反應。對於葡萄酒而言，這些反應就是加速老化和變質的機會。這也是為什麼大多數的葡萄酒都採用可以遮光的棕色、綠色或是藍色玻璃瓶來裝瓶。

有色玻璃瓶的遮光率並非百分之百，只可以擋掉部分光線，因此好的賣場光線應該有些昏暗，不應該有陽光直射，當然更不可以有聚光燈直接將光束打在酒瓶上。

觸發化學反應 ➡ 加速葡萄酒老化和變質的機會

 ### 溫度

藏酒的溫度最好在10°C~15°C的範圍內，這溫度對於門市的消費者或是工作人員而言當然過冷很多。還好葡萄酒並沒有我們想像中脆弱，如果溫度可以在20°C以下，而且上下溫度變動不大，能夠長期穩定保持在一定的範圍內，對酒的傷害不大。所以理想的門市溫度應該保持在涼爽環境。更應該另有專門的冷藏空間，放置較高檔、較脆弱的品項。

最適宜存放的溫度10°C～15°C

3 陳列

陳列的葡萄酒應該是斜躺在架子上。因為直立放置的葡萄酒，瓶口的軟木塞會因為乾燥而收縮，產生空隙讓空氣可以進入，造成酒的氧化變質。

而躺下來的酒瓶，軟木塞可以完整浸泡在酒液中，維持膨脹的狀態，阻絕過量的空氣進入。

4 銷售人員

任何行業都需要專業、敬業的人才，服裝儀容是最基本的要求。銷售人員應有得體的衣著和乾淨的外表，這象徵公司對於顧客的尊重與員工訓練的重視。

另外在買酒的過程中，多和銷售然人員聊天，觀察他對酒的描述以及如何推薦葡萄酒。是否可以了解顧客的需求，客觀回答問題並推薦適當的酒，還是只想要快速完成銷售，這暗示公司對於銷售的心態是「賣酒給客人」，「還是銷售適當的酒和美好的經驗給客人」。

在選購單價高，或是需要久藏一段時間才到達適飲期的好酒時，要特別注意這些細節。若只是便宜、立刻飲用、做菜用的酒，或許就可以隨性一些。

 挑選進口商

葡萄酒運送到台灣需要透過海運，專業的廠商在這段運送過程會以恆溫冷藏的條件，保護嬌貴的葡萄酒，以確保品質。專業的廠商會在瓶標上註明是以恆溫冷藏運送，不然，消費者最好上網看看進口商的網站說明，比較有保障。

如何挑對理想葡萄酒

每個人買酒的目的都不一樣，先確認自己為什麼要買酒，才會知道要買什麼樣的酒。接下來閱讀酒標，推測應該有的風格，並且檢視酒瓶的外觀狀態。以這樣的方式挑選，距離您心中的理想目標，應該是「雖不中、亦不遠矣」。

 ## 如何挑選葡萄酒？

在挑選適合的葡萄酒之前，可以先問自己為何買酒，以下為挑選葡萄酒可以參考的要點：

 送禮

送禮一定要考慮對方的身分地位、生活習慣、興趣等個人因素，才不會送的人尷尬，收禮的人更尷尬。

當送葡萄酒給對葡萄酒有研究的人，若知道對方的特殊偏好，例如產區、酒廠或是葡萄品種，當然容易選擇得多。若是對於對方喜好不是那麼清楚，可以挑一些比較不容易買到，具特殊性的好酒，像是美國奧勒岡州的黑皮諾，號稱勃根地地區以外第一，國內卻很少引進的葡萄酒。或是隆河谷地北部種植面積漸少的白葡萄馬珊（Marsanne）釀成的白酒口味清爽，香味卻是十分濃郁鮮明，是許多專家認為被低估的好酒；也可以是南澳大利亞州的冠納瓦拉（Coonawarra）產區，特殊的紅土平原，卡本內·蘇維儂有獨特的結實口感，和特殊辛香料香味。

至於對葡萄酒沒有概念的人，對方的身分地位應該是最先考量的，依據對方身分和你的預算，挑選知名度高的酒莊或產區是較保險的做法。

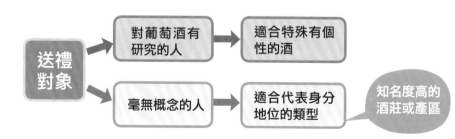

目的 *2* 做菜用

做菜用的葡萄酒，一般來説不需要選擇高檔的名酒，除非是食譜上的要求，否則普通等級不甜的類型就可以，有些時候酒標上會以dry（英文）、sec（法文）、secco（義大利文）、seco（西班牙文）、trocken（德文）標明。德國白酒，美國的金芬黛玫瑰紅通常帶有甜味，選擇上要多留意些。

目的 *3* 自飲或研究用

自己要喝酒就看看自己飲酒的目的來挑選，要研究了解？和朋友分享？或是要搭配菜色？

如果是以研究為主時，可先以產區或是葡萄品種著手。比方説對於法國的阿爾薩斯地區有興趣，可以分階段嘗試阿爾薩斯的幾種品種，接著依據不同等級來了解其中差異，再擴展到風格接近的德國產區。若是對於品種有興趣，比方説是黑皮諾，可以先體驗原產地勃根地的風味，再來比較加州、奧勒岡州、紐西蘭等地黑皮諾的差異。

自飲 ─┐
　　　├─ 鎖定特定產區、或是葡萄品種
研究用 ─┘

目的 *4* 搭配食物

搭配食物，除了基本的「紅酒配紅肉，白酒配紅肉」的基本原則之外，試試看地區菜色搭配地區酒的方式，體驗當地人對於食物口味特殊見解，例如吃西班牙海鮮飯，不妨試試西班牙的白酒。或是喝馬賽魚湯時，可以選擇普羅旺斯的作品。

搭配食物 → 依據食物的特性

搭配食物 → 地區菜色搭配地區酒

4 和朋友分享

在和朋友分享時,如果喝酒的夥伴是行家,可以挑些特殊性較高的酒或是依據他的喜好做判斷。若是友人沒有概念,選擇好喝順口的酒款容易賓主盡歡。像是汽泡酒,法國香檳的美味對於大部分的人而言,未必能真正體會,而義大利皮蒙區用蜜思嘉生產半甜型的汽泡酒通常更能夠讓客人喜愛。而紅酒的挑選上,單寧豐厚的卡本內·蘇維儂可能也不如口感豐盈柔軟的梅洛來得討好。

INFO 法文sec和英文的dry都是代表不甜的意思,但是汽泡酒類的酒標上sec卻是微甜的意思,brut才是不甜的類型。

 ## 購買葡萄酒的步驟

挑選葡萄酒從分辨酒標開始,掌握了個別的細節後,就可以接續從品味、檢視酒瓶、開瓶後的檢查等要素去協助判斷如何購買理想的葡萄酒。

Step *1* 分辨酒標

酒莊名▶ 酒莊名稱通常會清楚標示在標籤上。著名的酒廠通常擁有地理位置傑出的葡萄園,以及精良的釀酒技術,也就是說有優質的天然資源加上人為的技術傳承,才能創造出良好的聲譽,讓產品風格不容易被複製,品質上也有保障,當然價格也會比較貴。

像一樣是德國摩賽爾·薩爾·魯爾產區(Mosel-Saar-Ruwer)的葡萄酒,路森博士(Dr. Loosen)酒莊擁有天然環境最佳的葡萄園和優良的技術,價格就比同樣是摩賽爾·薩爾·魯爾產區的其他酒莊昂貴,但是品質也不會讓消費者失望。

年分

所謂的好年分是指某特定產區從葡萄生長到採收期間天候特別優良,讓葡萄有更多機會被釀成好酒。但由於產區中種植的葡萄並非只有一種,而各種葡萄的生長要求條件各有不同;加上同產區內各葡萄園所在位置的微氣候不盡相同;當然各釀酒師對於葡萄風味的詮釋各有巧妙,因此,年分好並非等同於優質、適合個人口味的葡萄酒。所以好年分的說法是一種概略評價,而非絕對的品質保證。

初學者與其記住所謂的好年分,不如多了解葡萄品種或是產區的陳年潛力,避免太早開瓶,糟蹋了美酒風味,或是買到已經過了適飲顛峰狀態的過氣商品。一般便宜的佐餐酒白酒或是玫瑰紅大約在2~3年已經達到適飲的巔峰期;紅酒稍微再長一點,約在3~5年;但是著名的薄酒萊新酒,青春煥發的風味卻只能保存不到半年的時間。當然好的產區、好的品種陳年的時間通常可以再往後延幾年。

白酒陳年曲線圖

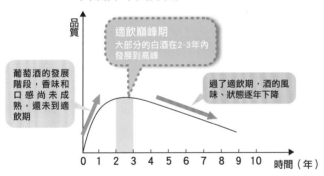

紅酒陳年曲線圖

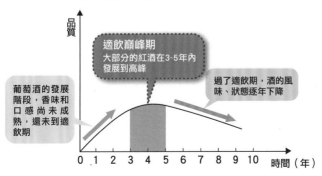

品種 ▶ 葡萄酒的基本個性來自於葡萄的品種，因此認識葡萄品種在挑選酒時有很大的幫助。例如，喜歡口感較為厚重、單寧豐富的紅酒，卡本內‧蘇維儂、希哈、內比歐露、馬爾貝克、山吉歐維列……會是好選擇；若是喜愛酸味較強的類型，黑皮諾、內比歐露、山吉歐維列……可以優先考慮；而圓潤順口的風格，則加美、梅洛……最適宜。

挑選白酒若是喜歡香味濃郁，白蘇維儂、蜜思嘉、格烏茲塔明那、白皮諾、灰皮諾……是首選；如果著重酸味的表現，麗詩鈴、白蘇維儂、白梢楠……最出色。

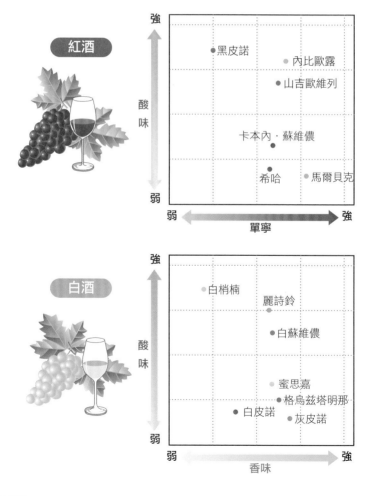

分級 ▶

如果只是搭配菜色，不一定要喝什麼頂級佳釀，地區佐餐酒的等級（法國的Vin de Pays、義大利的Vion da Tavola、德國的Landwein、西班牙的VdT…）其實就是一般歐洲人稍微高檔的佐餐飲料。

若是希望比較有產區個性，可以再往上一、兩級，法定產區酒（法國的AOC、德國的QbA、義大利的DOC、西班牙的DO……）都是可以考慮的酒款。

而預算充裕、特殊節日時，可以再向上延伸更具風格特色的著名酒莊，或是更高的等級，像是德國的特級優良酒（QmP）等級、義大利保證法定產區（DOCG）等。

產地 ▶

產地的複雜程度很難說得鉅細靡遺，可以記住簡單的原則，同樣的葡萄品種，愈炎熱的地區，風味愈濃烈；涼爽的地區則是以優雅精緻的風格取勝。以涼爽的勃根地和炎熱的澳洲相比，氣候炎熱的澳洲所生產的夏多內會發展出更濃郁的果香、氣候涼爽的勃根地所生產的夏多內則表現更細膩的香味和口感。

當酒標上著名的產地區域範圍愈小，通常意味著酒的風格愈特殊、愈有價值。以薄酒萊為例，只標明薄酒萊（Appellation Beaujolais Contrôlée）產區，則不如標明產區中的某個村莊名稱，例如「Appellation Moulin-à-Vent Contrôlée」。

Step 2 品味

很多廠商都會提供試喝，如果有，不要客氣，喝過了，才知道喜不喜歡、適不適合。品味的重點有香氣、酸度、甜度、醇厚度等注意要點。

香氣 香味的呈現是酒的價值重要指標之一，體驗香氣帶給你感受是什麼？喜歡或是不喜歡？

酸度 酸味在葡萄酒中是很重要的味覺表現，適度的酸味可以帶來新鮮、活力的口感，不恰當的酸味會有過於刺激的咬舌頭感覺。

甜度 甜度和產區和葡萄品種有很大的關係，德國酒通常會帶有甜味，但是也會有適度的酸味平衡。感受一下，甜味的感覺是甜膩乏味、或是餘韻十足。

醇厚度 是指酒中所有物質給予口腔的感受，是濃厚壯碩的滿滿口感，或是層層疊疊的細緻變化。

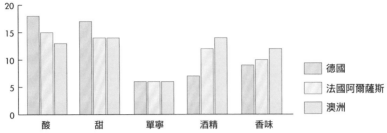

不同產區麗詩鈴的表現比較

德國酒通常有較高的酸度和甜度，酒精濃度低，香味以清淡優雅見長；
澳洲較熱的天氣則讓麗詩鈴有較強的香味；同樣寒冷的阿爾薩斯釀製的
麗詩鈴傳統上會有較高的酒精。

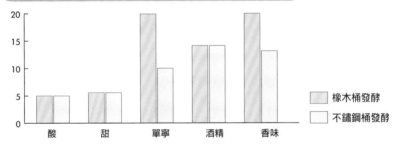

不同釀造方式夏多內的表現比較

經過橡木桶發酵，夏多內獲得更多的單寧和香味，有較濃厚的香氣與口感。

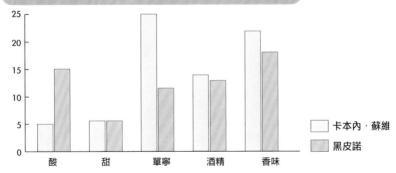

卡本內·蘇維儂與黑皮諾的表現比較

卡本內·蘇維儂葡萄本身有較強的單寧和較低的酸味，釀造時通常會在橡
木桶中發酵，因此比不經過橡木桶的黑皮諾有更強的單寧和香味。

Step *3* 檢視酒瓶

決定購買時，應該仔細檢查酒瓶上的錫箔是否有破損，瓶口有沒有酒液滲漏痕跡，酒標是否有被撕下重貼的跡象。這些跡象可能暗示了這些葡萄酒經歷過一段不當的保存時間。

Step *4* 開瓶後的檢查

許多酒的進口商或是賣場並非以專業的方式運送、儲存、陳列葡萄酒。非是恆溫運送、儲存，或是直立、強光的陳列都會使葡萄酒容易變質。所以在購買後短時間內開瓶，若發現有變質的現象，像是酒液混濁、軟木塞腐敗⋯⋯，許多廠商都有退換的服務。但是記得，不要拖太久，時間愈久愈難釐清是誰的責任，最好可以在兩三天內處理。

酸度與甜度

酸味可以中和過多的甜味，消除濃甜的膩滯感；甜味也可以壓抑酸味，圓潤酸味咬舌的尖銳感。在貴腐的甜酒中，不容易立即感受到的酸味特別重要，隱藏在甜甜口感下的酸味，會讓原本膩口的甜酒充滿新鮮、活力的刺激，讓滑膩的餘味更值得一再回味。

特價的酒

購買特價酒時要注意，不要讓促銷的低價矇蔽你的理智。這些特別便宜的酒，有些時候是已經過了巔峰時期。最常見到的是在元月底，低價促銷的薄酒萊新酒（Beaujolais Nouveau），這時候薄酒萊新酒僅有的短短幾個月賞味期已經到了尾聲。

如何與葡萄酒專業人員溝通

買酒的時候經常雞同鴨講，說不清楚自己的需求，也聽不懂對方的陳述。不要急，按照以下的方法，聽懂基本的專有名詞，一定可以很容易買到你想要的酒。

 ## 需要提供哪些訊息

需要銷售人員幫忙，一定要把自己的需求說明清楚。如果無法明確告知要找的是哪一國、哪個產區的哪一支酒，也可以依照下列的面向告知對方，把自己的需求說清楚了之後，請仔細聽他們的回應，並且判斷是否已經回答你的問題。

訊息 1 目的

提供清楚明確的目的，銷售人員才有機會了解你的需求，推薦出適合的葡萄酒。像是生日歡樂的場合，帶瓶需要細心品味的波爾多陳年紅酒，不如輕鬆易喝的德國、義大利汽泡酒受歡迎。春花爛漫的郊外野餐，在清新的空氣中飲用洋溢花香、果香的年輕白酒、玫瑰紅也比厚重型的卡本內‧蘇維儂、希哈、內比歐露更為適合恰當。

仔細想想，是要送給朋友的結婚週年禮物，還是同事聚餐的搭配飲料……？接下來再依據這些目的往下探尋，例如，你的朋友喜歡什麼樣的風格？你的預算？一步一步找到你的理想佳釀。

確認目的 ➡ 飲用場合 ➡ 配合預算 ➡ 找出適合的酒款

訊息 2 價位

好酒有其價值，絕世珍釀的價格必然驚人。但是，好酒未必適合初學者，就像美食家推薦的餐廳，不是每個人都能吃出門道、懂得箇中美味。所以一開始品酒不要花大錢，除非是送給重量級人物的大禮。

若是做菜用的酒，要記住好酒的細緻幽微在加熱過程中都會被徹底破壞，所以不需要超過300元一瓶。

太有個性的人，不容易與人打成一片；太有個性的酒，也不見得人可以立刻感受到它的價值。在沒有特殊情況下，500元上下，就可以找到很不錯的佐餐酒。

與老友相聚，想要展現誠意，想再喝好一點，很多知名酒莊的作品落在1,000~2,000元之間。

至於數千元、數萬元的夢幻逸品，一定要自己喝、或是送給識貨的人喝。

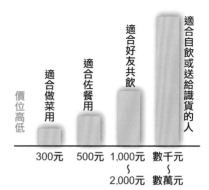

訊息 *3* 搭配的菜色

搭配菜色不是只有「紅酒配合肉、白酒配白肉」一個口訣，還要依據食物的特色選擇可以互抗衡的葡萄酒。像是口感濃厚的食物適合搭配口味厚實的酒，甜點搭配帶有甜味的酒。如此一來，食物不至於壓倒葡萄酒的風味；酒也不至於搶了食物的丰采。

如果可以詳細的說出搭配的菜餚，例如大方說出要能夠搭配德國豬腳，或是描述菜色的口味是酸、甜、苦、鹹，銷售人員在有概念的情況下，比較容易給合適的建議。

訊息 *4* 個人偏好

酒是你要喝的，大大方方說出你喜歡的口味。如果你就是不喜歡單寧的澀味，就說出不喜歡澀澀口感，店員就不會推薦卡本內‧蘇維儂、希哈、內比歐露之類單寧的類型；喜歡酸酸甜甜的順口，就告訴銷售員喜歡酸酸甜甜的味道，店員可能就可以推薦德國生產的白酒。不要在意許多人意有所指的暗示，喝甜酒似乎不太有品味之類的話語。

不過，在這裡還是要提醒，許多美好的事物，需要更多的碰觸和了解。在第一次接觸時，未必有美好的感覺。葡萄酒也一樣，勇敢的多嘗試自己可能不習慣的風格和類型，否則太固執自己的口味，會喪失許多驚喜的機會。

訊息 5 其他飲者的特性

如有其他朋友共同享用葡萄酒，也必須考慮其他人的偏好，才會有賓主盡歡的場面。買酒之前多打聽一下，你帶去的酒會更受歡迎。

好酒與好喝的酒

所謂好喝的酒是指，喝酒的當下有滑順的口感和味覺上的快感，但是喝過後不會有特殊的記憶和感動。而好酒在乍喝時未必有立即的愉悅感，可能有點澀、有點酸，需要時間醒酒和細心品味，才會有餘味無窮的感動，是需要學習和適應的味覺享受。所以一般性的聚餐，在歡樂的氣氛，無暇細品的情況下，帶瓶好喝的酒通常比帶瓶好酒更容易受到歡迎。

聽懂專業者的描述

業者通常會使用以下的名詞來描述葡萄酒，他們要表達的意思為何？如何判斷這是你所要購買的酒？

項目	代表的意思	掌握的訣竅	常見描述法
酸 （Acid）	酸味在於葡萄酒的形容有兩個意義，有時是代表過於刺激的尖銳口感；或者是高品質的象徵，表示口感充滿活力，或是有能力陳年。特別是用在白酒的形容。	由科學儀器測量出來的絕對的酸度和口腔的味覺感受是決然不同的兩件事，甜味會緩和酸味的刺激感，像是糖的多寡會影響檸檬汁的感受。 清爽不甜類型的酒，酸味應該要能夠刺激口腔分泌口水，而不會過分刺激，產生尖銳難受的口感。甜酒類型，必須要有酸味在最後與甜味中和才不會過於膩口。	·尖銳（sharp） 表示類似醋酸的咬舌酸味。 ·清新（refresh） 酸但是柔和不過分刺激，可以振奮口腔的感官。
餘味 （After taste、 Finish、 Length）	表示吞嚥酒液之後，香味和口感可以持續保留。通常較長的餘味表示較好的品質，但是不愉悅的餘味，則是另一種意思。	美好的餘味是指吞嚥之後，口腔感受到清新、爽口、豐富的美好體驗；若是感覺粗糙、灼熱、乾澀則是不好的餘味。	很長的餘味、回味、餘韻，通常都是讚美的辭彙。銷售員通常不會將縈繞不去的可怕感受使用「餘味」來表示。

項目	代表的意思	掌握的訣竅	常見描述法
澀 （Astringent）	單寧的口感之一，會讓口腔有種類似「緊收」的感覺。也可能意味著適合當開胃酒，或搭配油脂較豐富的菜餚。過多的澀味表示酒的品質趨向於粗糙。	單寧會和口水中蛋白質結合，降低口水的滑潤感，也就是「澀」。 過多或是粗糙的單寧，會有強烈的收斂感，甚至於有苦的感覺。細緻的單寧會帶給口腔組織類似按摩的快感。	·粗糙 （rough、harsh）都是表示過多或是不好的單寧口感，國人大多不習慣「澀」味，可能只是非常輕微的澀味感受。因此當銷售員以「澀」來表達時，可以多問仔細些或是他個人的感受與評價。
平衡 （Balance）	形容葡萄酒中所有的美好元素（酸、甜、澀、香味、酒精、濃郁）都有適當的表現，沒有任何一項特別突出掩蓋另一項的表現，表現一種勻稱的美感。	味道或是香味會相互影響達到所謂的「平衡」，像是酸味與甜；酒精與酸味和香味……。 仔細感受每種展現的香味、味道是否可以感受到，或是受到其他的因素過於突出而壓抑。	「平衡」通常是高度的讚美詞，但必須小心，銷售員用來美化平淡無奇的酒。
醇厚度 （Body）	是指香味、味覺感受和酒精濃度在口腔中的整體感受，有時會用強烈（Big），或是豐富（Full）來形容，相反的字眼是細緻（Delicate）或者優雅（Elegant）。	品嚐的時候應該有較高的酒精、單寧、甘油讓口腔有厚實、豐富，似乎可以咀嚼的感覺。	·強烈（Big）表現出較直接的厚重感。 ·豐富（Full）則是感受到的味覺較為多元。
優雅 （Elegant）	當所有的美好元素表現都恰如其分，並且擁有輕度或中度的醇厚度和餘味，呈現一種極為自然、中性的美感。	品嚐的時候沒有強勁的酒精、單寧、酸味、香味，口腔也不會有厚實的感受。但是每種味道都有恰如其分的表現。	·細緻（Delicate）經常與優雅交替使用的讚美詞彙。意指醇厚度不高，但是風味表現良好。
圓潤 （Roundy）	是讚美詞，表示順口好喝，不會有強烈的酒精、酸味或是澀味表現。	應該要有豐富的香味，酒精、酸味、單寧的澀味也應該有，但是不應該過於突出。	要小心店員可能美化缺乏個性，或平淡的酒。
架構 （Structure）	表示酒的香味和口感充滿個性和層次感。	酸味、酒精和單寧是構成架構的主要元素，所謂架構良好的酒必定會有其中一項以上的因素。	沒有結構的酒意謂著平淡、遲鈍、也沒有餘味。

挑選賣場

挑選葡萄酒

成功溝通

品嚐葡萄酒

葡萄酒必須陳放幾年才可以喝？在什麼溫度喝？用什麼樣的
杯子喝？搭配什麼菜餚喝？這些問題想起來就教人頭痛。其
實，只要掌握了幾項基本原則，弄懂葡萄酒的相關知識，就
能充分品嚐葡萄酒的風味。

本篇從判斷紅酒、白酒的適飲時機開始帶領讀者找出最佳賞
味期，提醒哪些不當的保存方式會影響葡萄酒的美味，並依
序教導如何品嚐葡萄酒，掌握其中品味的細節，真正享受葡
萄酒迷人令人愉悅的風味。

本篇教你

- 認識葡萄酒的最佳適飲期
- 認識影響葡萄酒風味的四種不當保存方式
- 認識葡萄酒的適飲溫度
- 學會優雅地開瓶
- 學會品嚐葡萄酒

適飲的時機

許多人迷信「愈陳愈香」的說法，買了葡萄酒之後捨不得喝，以為過了十幾年便會擁有絕世佳釀。事實是市面上90％的葡萄酒都不適合陳放多年，特別是價格便宜的酒，更應該在酒標上的採收年分後兩、三年內喝完。只有少數的頂級葡萄酒享有歲月的恩寵，能在時光的流逝中發展豐厚深沉的口感與芬芳。更需要特別注意的是，保存的環境會影響成熟的過程，不適當的溫度、濕度，或是過高的光線與噪音都會讓一瓶酒早夭，達不到所謂的巔峰期。

葡萄酒的適飲時機

即飲型

大部分的酒都是釀成短期內可以飲用的類型，應該在採收年分後的兩、三年間喝完，不然，接下來口感和香味都會漸漸喪失。

長期陳年

葡萄酒可不可以陳年這與產區、品種、釀造方式…等因素有關。通常單寧、酒精、糖分、酸度高的酒較有機會通過歲月的淬練，而轉換更為香醇。

INFO 顏色與成熟度的關係

在通常的狀況下我們可以參考以下的顏色判斷葡萄酒的成熟位置，但是多變的葡萄酒，難以捉摸，以下資料只是當做參考，不是定律。

酒的種類	年輕	成熟	衰敗
不甜的白酒	幾乎無色、淺綠色、淺黃色	檸檬黃、麥桿黃	棕色、琥珀色
甜的白酒	檸檬色、金黃色	金黃、琥珀色、黃銅色、棕色	暗棕色
玫瑰紅酒	淺粉紅、珊瑚紅、玫瑰紅	淺橘紅	橘黃色
紅酒	紫羅蘭、櫻桃紅、紅寶石紅、石榴紅	磚紅、橘紅、紅棕色	琥珀色、洋蔥色、棕色

如何判斷葡萄酒的適飲時機

基本上，每一款酒都有它獨特的時間賞味曲線，由稚嫩的青澀一直到成熟的圓潤，最後進入不堪入口地衰老。但是，葡萄酒的成熟依舊是個祕密，沒有專家可以在一開始就斬釘截鐵地指出、某瓶酒的最佳飲用時機將是在某年的某月。只知道葡萄酒若含有豐富的單寧、酸味、酒精和糖分則可以有較長的壽命。

有趣的是，相較於歐陸，新世界的酒通常在較短的時間達到巔峰狀況，也更早衰老。

 白葡萄酒的飲用時機說明

白葡萄本身單寧含量不高，酒的賞味期較短，通常在兩三年內應該喝掉。當然，橡木桶賦予豐富的單寧，或是葡萄本身酸味足夠，或是甜酒類型，則可以有更長久的壽命。

1 夏多內

大部分的夏多內白酒，特別是沒有經過橡木桶發酵的產品，都應該在酒標上的採收年分後2~3年內喝掉。頂級的夏多內，像是夏布利Grand Cru等級、金丘（Côte d'Or）產區，大約在7、8年後達到高峰，也經常有機會陳年15年以上；高品質的澳洲、加州夏多內大約可以陳年5~8年。

各類型夏多內陳年發展

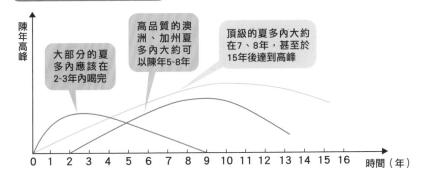

麗詩鈴

麗詩鈴的酸度相當高,來自德國或是法國阿爾薩斯的優質酒莊產品,通常可以陳放5~7年,而德國的遲摘串選(Auslese),或是阿爾薩斯的遲摘酒(Vendanges Tardives)等級,經常可以陳年10年以上。至於更高級的德國的遲摘粒選(Beerneauslese)、冰酒(Eiswein)、特級遲摘粒選(Trockenbeerneauslese)或是阿爾薩斯的粒選貴腐酒(Sélection de Grains Nobles)之類,甚至有機會陳放15~20年,或是更長的時間。

各類型麗詩鈴陳年發展

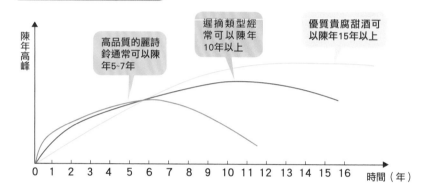

香檳

酸度高的法國香檳也有很好的陳年潛力,頂級的酒廠通常可以在8~10年達顛峰,有些更可以陳放更久遠的時間。一般的汽泡酒壽命較短,大約在適飲期限在3~5年之間。

汽泡酒陳年發展

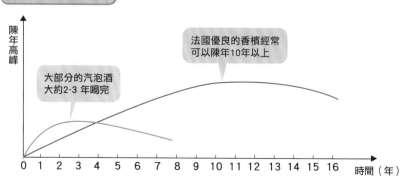

4 索甸及巴薩克

頂級的貴腐甜酒有很長的陳年時間，大約在**10**年左右逐漸達到顛峰狀態，經常可以續放到達**15~20**年，甚至於接近百年的時間。

索甸及巴薩克頂級貴腐甜酒陳年發展

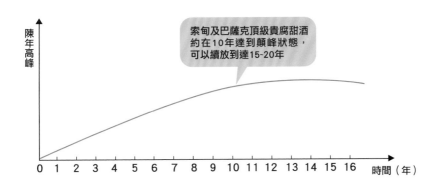

索甸及巴薩克頂級貴腐甜酒約在**10**年達到顛峰狀態，可以續放到達**15-20**年

陳年高峰

0　1　2　3　4　5　6　7　8　9　10　11　12　13　14　15　16　　時間（年）

適飲時機

適飲溫度

開瓶

醒酒和過酒

酒杯

順序

品味

評酒

INFO 玫瑰紅酒的飲用時機

玫瑰紅酒通常酸度或是單寧都沒有特別強烈，和一般的白酒類似，大約2~3年內就應該喝完。

保存酒時一定要平放或是瓶口向下擺放，目的是要讓軟木塞能夠浸泡在酒液中，避免軟木塞乾縮，導致酒的變質。

卡本內・蘇維儂

卡本內・蘇維儂陳年的潛力眾所皆知，來自波爾多的優良酒莊只要不是特別不佳的年分，通常有15年以上的陳年機會。加州或是澳洲的頂級酒莊通常也具備8~10年的陳年實力。

卡本內・蘇維儂陳年發展

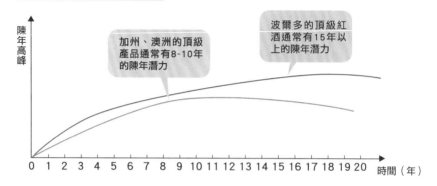

黑皮諾

黑皮諾的陳年潛力不及卡本內・蘇維儂，但是在勃根地金丘的頂級酒莊基本上可以陳年7~10年，甚至於15年以上。新世界的黑皮諾大約在3~5年內達到高峰。

黑皮諾陳年發展

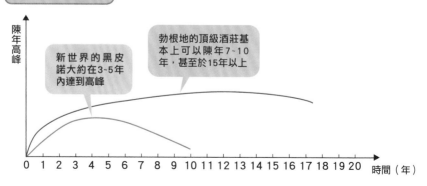

3 希哈

豐富的單寧讓希哈可以陳年很長，無論是來自隆河或是澳洲，10年的時間可以讓希哈達到品嚐的高峰，但是更有耐心等待15年以上，通常會有更好的風味。

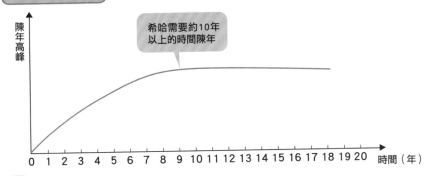

希哈陳年發展

希哈需要約10年以上的時間陳年

4 梅洛

梅洛為早熟品種，約2~3年即可充分成熟，但是來自波爾多於的玻美侯（Pomerol）及聖愛美儂（St.-Émilion）地區的梅洛則需要10~20年的耐心等待。

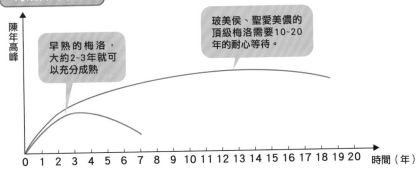

梅洛陳年發展

早熟的梅洛，大約2~3年就可以充分成熟

玻美侯、聖愛美儂的頂級梅洛需要10~20年的耐心等待。

INFO 薄酒萊的飲用時機

薄酒萊新酒（Beaujolais Nouveau）大約擁有不到半年的賞味期，但是屬於特級村莊（Crus du Beaujolais）的薄酒萊（不是新酒）可以陳放大約3~5年，像是其中的風車酒莊（Moulin-à-Vent）更經常有10年以上的實力。

適飲時機・適飲溫度・開瓶・醒酒和過酒・酒杯・順序・品味・評酒

保存葡萄酒的關鍵因素

葡萄酒可以説是活的飲料，雖然安靜地躺在酒瓶中，卻不斷地隨著歲月由青澀轉變到成熟、衰老。其中溫度、溼度、光線和震動是經常影響葡萄酒生命曲線的關鍵因素。

影響葡萄酒風味的四個儲存變因

葡萄酒纖細敏感，從釀造、裝瓶、出廠後，就不斷地再變化，只要儲存的方式受到下列四種變因影響，就會影響葡萄酒的風味。

1 溫度

葡萄酒長期保存溫度應該控制在10°C~15°C之間，過高或是過低的溫度都會傷害葡萄酒的品質。

當溫度過高時 裝在酒瓶中的葡萄酒內含有多種微生物與物質持續在進行種種的化學變化，過高的溫度會加速化學變化進行，除了可能導致葡萄酒提早衰敗之外，也無法藉著陳年發展出細緻的風味。

當溫度過低時 低溫會遲緩化學變化，延遲酒的陳年過程。但是，長期儲存在4°C以下的環境，葡萄酒更會因為低溫導致酒石結晶增加，酸味降低而風味盡失。

當溫度劇烈變化時 溫度的劇烈變化，是葡萄酒的最大殺手。熱漲冷縮的物理現象容易讓酒液滲出、空氣進入，導致過度氧化而衰敗。若是儲存環境無法控制在10°C~15°C之間，至少在穩定的20°C以下，是可以接受的保存溫度。

2 濕度

理想的葡萄酒長期保存濕度應該維持在75~80％的範圍之內。

當濕度過低時 在乾燥的環境下形成瓶口的軟木塞乾縮，過多的空氣進入，葡萄酒容易因為過度氧化而變質。

當濕度過高時 黴菌喜歡溼度高的環境，過濕的環境下，瓶口的軟木塞容易發霉腐爛，不但容易滲入空氣導致過度氧化，也會將發霉的腐敗味道帶入酒液中。

3 光線

光線是一種能量的表現，會促進多種化學反應，讓酒更早衰老。

 陽光 陽光，特別是其中的紫外線，是許多化學反應的觸媒，可以開啟酒中物質一連串的化學變化，讓葡萄酒變質。

 人工照明 除了自然的陽光，人工照明的日光燈、鹵素燈也是一種能量的表現，也會加速酒的老化、變質。採用透明酒瓶裝的白酒、玫瑰紅更要小心，絕對要放在沒有直接光源的陰暗位置。

4 震動與噪音

震動和噪音同樣也會影響酒的品質。

 震動 震動對於脆弱的陳年老酒傷害尤其大。推測可能是震動會引起酒液的翻動，增加與空氣接觸的面積，加速化學反應。無論如何，長程搬運後，最好能夠讓酒安靜放一段時間，品賞時的風味會較好。

 噪音 音波也是一種震動，經常性的大分貝噪音，也會對酒形成負面的影響。

 INFO

冰箱適合保存酒嗎？

冰箱冷藏的溫度大約在5℃上下，對於酒來說溫度過低，通常也過於乾燥，加上酒會吸收各種蔬果、肉類的雜味，並透過軟木塞進入酒體中，影響酒的表現。因此冰箱不是適合的長期儲存空間，只適合飲用前的短期儲藏。

保麗龍箱的妙用

對於葡萄酒而言，高溫的殺傷力遠不及忽冷忽熱的劇烈溫度變化。因此，若沒有恆溫的酒窖或是專用酒櫃，在短時間儲存時，可以利用保麗龍箱的隔熱效果，將酒藏在裡面，放進陰涼、少開動的櫃子下層存放。
當然要注意，若是曾經裝過其他物品的保麗龍，一定要清洗乾淨，避免不好的氣味影響酒的香味。

適飲時機 · 適飲溫度 · 開瓶 · 醒酒和過酒 · 酒杯 · 順序 · 品味 · 評酒

適飲的溫度

你一定聽過「白酒要冰，紅酒室溫喝」的說法。其實不同特性的紅、白酒各在不同的溫度條件下，才能夠完整展現出它們獨特的魅力。不適當的溫度，會徹底糟蹋你花大錢買回來的佳釀。

不同類型的白葡萄酒適飲溫度

大多數的白酒必須在10°C以下的溫度享用，過高的溫度會讓白酒的酸味過於強烈。除了頂級的勃根地金丘（Côte d'Or）白酒需要較高的溫度讓香味發展，因此適飲的溫度比10°C稍高，約在12°C上下。通常愈濃厚甜蜜的白酒適合飲用的溫度愈低。

而汽泡酒細細碎碎的小泡泡和豐富的果香氣味也需要較低的溫度來體會。

白葡萄酒適飲溫度

最高品質勃根地白酒

玫瑰紅、大多數不甜的白酒、香檳

貴腐甜酒類型、大多數汽泡酒

玫瑰紅酒的適飲溫度

玫瑰紅酒雖然在色彩的視覺感受較接近於紅葡萄酒，但基本上被視為白酒，適飲的溫度大約在9℃、10℃上下。

不同類型的紅葡萄酒的適飲溫度

紅酒適合飲用的溫度大約在10°C~18°C之間，讓較多層次的香味展開，頂級的波爾多、勃根地紅酒需要較高的溫度發散香味，和體會細緻優雅的口感，最適的品飲溫度為16°C～18°C之間。而年輕清爽的紅酒和白酒一樣，果香味濃厚，較適合低一點的溫度，像是清爽的薄酒萊新酒大約在10°C上下風味最傑出。

紅葡萄酒適飲溫度

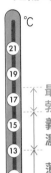

°C

最高品質的波爾多、勃根地紅酒

義大利、隆河等較濃郁型紅酒

薄酒萊等清淡型紅酒

INFO

強化酒的適飲溫度

清爽的Fino雪莉酒適合的溫度約在冰涼的6℃～8℃，濃郁類型的Olorosos雪莉酒或是波特、馬德拉適合在稍高的14℃～15℃。

喝白酒與喝紅酒前一小時先冷藏

在喝酒前一個小時，將酒擺在冰箱冷藏，大致上可以到達10℃的溫度，適合大部分的白酒。而由冰箱拿出來後20分鐘，大致上會上升至18℃，適合紅酒的溫度。
把酒放進充滿冰塊的冰水中，雖然可以快速降溫，但會讓酒香封閉，其實並不是適合的方法。

適飲時機：適飲溫度

開瓶

醒酒和過酒

酒杯

順序

品味

評酒

開瓶

葡萄酒裝瓶後，需在瓶口塞入軟木塞阻絕空氣。當要開瓶品嚐葡萄酒時，很羨慕有人可以優雅地拔出軟木塞嗎？其實開酒一點都不難。只要按照下列的方法，練習幾次，真的，你也可以成為別人眼中的高手。

認識開酒工具

開酒的工具有很多種，有切開封住軟木塞錫箔的切割器、拔出軟木塞的開瓶器……，以下為常見的開酒工具，在認識了他們的作用與用法後，你可依循自己的習慣，選擇最適合自己的工具。

1 侍者之友酒刀Waiter's friend

這是在正式餐廳最常見的一種開酒刀，很適合服務人員放在口袋中隨身攜帶，所以被稱為侍者之友，相當方便好用。（參見P184）

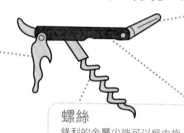

刀
尾端的小刀主要是用來切開酒瓶上的錫箔紙。

開瓶器
頂點呈現有如犬牙的兩個尖端，除了可以開啟一般飲料的鐵製瓶蓋外，主要是可以抵住瓶口，成為施力的支點。

握柄
提供手掌握住施力的部分。

螺絲
鋒利的金屬尖端可以經由旋轉的力量深入軟木塞，再藉著螺旋的阻力拉起軟木塞。

2 T型開酒器

只有握柄和螺絲兩部分，沒有小刀劃開錫箔，也只依靠手的力氣垂直拉出軟木塞，需要較大的力氣開酒，好處是輕巧容易攜帶。

握柄
提供手掌握住施力的部分，將螺絲旋入軟木塞。

螺絲
鋒利的金屬尖端可以經由旋轉的力量深入軟木塞，再藉著螺旋的阻力拉起軟木塞。

蝴蝶型開酒器

很容易使用的一種開酒器，將螺絲旋入軟木塞時，兩側翼型的把手會漸漸升起，當升到最高點時，只要將翼型把手下壓，軟木塞就會自動被拔出。正式餐廳通常不用，適合居家用。

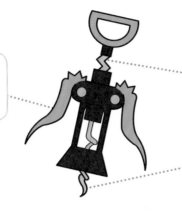

翼型把手
利用槓桿原理，輕鬆拔出軟木塞。

螺旋狀把手螺絲
結合把手和螺絲的設計，可將螺絲尖端對準軟木塞，接著再深深地旋入木塞中，旋入時，把手兩側的翼形把手會逐漸升起。

錫箔切割器

這是替代侍者之友小刀的部分。 只要將金屬刀部分靠在錫箔上，旋轉一圈，錫箔就可以被完完整整的被取下。

金屬刀
可割開錫箔紙

Ah-So開瓶器

Ah-So是針對軟木塞有問題而設計出來的開瓶器。如果是老酒或軟木塞有點老化、沾黏在瓶口，又無法用螺絲旋轉的力量將軟木塞拔起時，只要將Ah-So的兩個金屬片插入酒瓶，沿著軟木塞轉一圈，就可以將軟木塞拔出。最棒的是，也可以用同樣的方法將軟木塞塞回去。
（參見P 186）

金屬片
利用兩個金屬片，拔出軟木塞

適飲時機
適飲溫度
開瓶
醒酒和過酒
酒杯
順序
品味
酤酒

葡萄酒以軟木塞封瓶,也因此,在開瓶時需要使用特別的開瓶器,這讓開瓶的過程有別於一般的飲料。選擇開瓶器的種類端看個人的習慣,如有人喜歡居家用「蝴蝶型開酒器」,如果是在正式餐廳,侍者通常使用「侍者之友酒刀」替顧客服務。不管使用哪一種開瓶器,重要的還是能優雅地取出軟木塞,而不至於弄斷或讓軟木塞及碎屑掉進酒中,進而影響喝酒的口感。

Step 1 切開錫箔紙

酒瓶的瓶口都有一層錫箔包覆著,必須先劃開錫箔才能取出軟木塞。首先,左手握在瓶頸處固定酒瓶。接著,打開侍者之友的小刀,右手持刀,刀鋒抵住瓶唇下緣,以食指的指腹施力壓緊刀背,拇指則在食指相對方向施力扣緊。沿著瓶唇切劃一圈,取下錫箔後,瓶口可能有乾掉的酒漬,可以用餐巾擦拭。

拇指則在食指相對方向扣緊

刀鋒抵住瓶唇的下緣

食指指腹壓緊刀背施力

左手握在瓶頸處固定酒瓶

Step 2 將螺絲旋入軟木塞

想要輕鬆漂亮地取出軟木塞,必須利用螺絲旋入木塞。先以左手握在瓶頸處固定酒瓶,再用螺絲尖端對準軟木塞的中心點,右手手指輕鬆靈活地握住螺絲上方,以極輕微的力量微微向下施力,順時鐘方向垂直地旋入軟木塞。

旋入螺絲時需留意不要刺穿軟木塞,以免木屑掉入酒中,影響品酒的樂趣。螺絲大約到達軟木塞長度的3/4～4/5位置左右就可以停止了。

螺絲尖端對準軟木塞的中心點

左手握在瓶頸處固定酒瓶

Step 3 拔出軟木塞

接下來的步驟是拔出軟木塞。左手依舊握在瓶頸處固定。右手握住開酒刀的尾端，開酒刀的開瓶器架在瓶口處當做支撐，稍微用力往上提。在軟木塞即將完全脫離瓶口時（大約剩下一公分長度的軟木塞在瓶內），左手握住瓶頸，右手同時握住軟木塞和開酒刀，輕輕左右搖晃將軟木塞拔出。

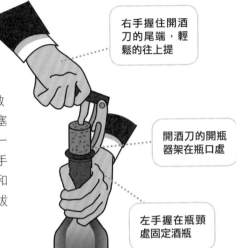

右手握住開酒刀的尾端，輕鬆的往上提

開酒刀的開瓶器架在瓶口處

左手握在瓶頸處固定酒瓶

Step 4 擦淨瓶口

瓶口上可能會有一些軟木塞碎屑，或是乾掉的酒漬，記得以餐巾將瓶口擦拭乾淨。

INFO 金屬旋轉瓶蓋

無論如何小心消毒，軟木塞就是有一定比例會遭受黴菌侵襲，讓酒產生腐臭的氣味。有些酒商開始改用金屬的旋轉瓶蓋，以紐西蘭的酒廠最積極，全國酒莊幾乎全部採用金屬旋轉瓶蓋。

適飲時機
適飲溫度
開瓶
醒酒和濾酒
酒杯
順序
品味
評酒

尷尬的時刻

開酒時若施力不慎，或螺絲沒旋入軟木塞中心點，導致拔出軟木塞的過程中，軟木塞斷在瓶頸、卡在瓶頸。有時開的是一瓶老酒，軟木塞質地酥鬆，使得軟木塞沾黏在瓶口等，此時，需要使用特殊的開瓶工具取出軟木塞。

 軟木塞卡在瓶頸怎麼辦？

在開瓶時，有些時候軟木塞會黏在瓶頸拔不出，或是陳年老酒的軟木塞質地過於酥鬆，開酒刀完全帶不動軟木塞。這時候你需要使用「Ah-So」開瓶器來協助。

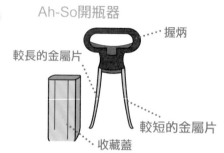

Ah-So開瓶器

握炳

較長的金屬片

較短的金屬片

收藏蓋

Step *1* 先將較長的金屬片插入軟木塞和瓶口的縫隙間。

Step *2* 再將短金屬片插入縫隙。

Step *3* 完整插入瓶頸後旋轉開瓶器一圈，感覺整個夾住軟木塞後，慢慢向上拔出軟木塞。

 軟木塞斷了怎麼辦？

如果軟木塞斷在瓶頸處，可以試著用開酒刀再將螺絲轉進去一次，有些時候還可以將軟木塞拉上來。若是無計可施的時候，只好把軟木塞壓進酒瓶裡面，不過倒酒的時候要小心，慢慢倒出，或是用筷子頂住軟木塞，以免濺得一身都是酒。至於酒中的軟木塞屑，只能倒入杯子中再來清除。更好的處理方法是用撈塞器取出軟木塞。

撈塞器

握炳

固定環

撈塞鐵絲

Step *1* 將斷裂的軟木塞壓回酒瓶。

Step *2* 將撈塞器伸入酒瓶中，搖動撈塞器，感覺軟木塞位在三根鐵絲中間。

Step *3* 將鐵絲上的固定環移到瓶口處，將軟木塞拉出。

開汽泡酒步驟

汽泡酒瓶子裡的壓力非常大，開酒之前不要震動搖晃酒瓶，開酒的過程中手指頭要一直壓在軟木塞上，避免被壓力逼出來的軟木塞射出，同時也要避免瓶口對著人、玻璃或是水晶燈等物品。

Step 1 撕去鋁箔

瓶口外有一層鋁箔紙，要先撕下來。

Step 2 鬆開鐵絲

鬆開鐵絲，過程中拇指必須保持按壓在軟木塞上。

Step 3 鬆開軟木塞

緩慢旋轉開軟木塞。

適飲時機

適飲溫度

開瓶

醒酒和過酒

酒杯

順序

品味

評酒

Warming 開汽泡酒時不可對著人

汽泡酒中的氣壓非常高，像是香檳酒瓶內有相當於六倍的大氣壓力。軟木塞在受到巨大壓力長期擠迫的情況下，拔出酒瓶後可以發現底部已經變形，面積較為寬大，無法再塞回去。所以開汽泡酒時絕不可對著人，不小心彈出來的軟木塞殺傷力可是相當驚人。

INFO 開汽泡酒一定發出要「砰」的聲音嗎？

在正式餐廳或宴會中，開汽泡酒發出「碰」的聲響，是相當不禮貌的舉止。除非是在歡慶的場合上才可以發出聲響和噴出泡沫。在這種場合，請選擇廉價的酒，一樣可以達到歡樂的氣氛，千萬不要糟蹋知名酒廠小心翼翼、辛辛苦苦釀造的好酒。

醒酒和過酒

葡萄酒是活的飲料,在打開軟木塞之後,新鮮的空氣將會喚醒沉睡在酒瓶多時的葡萄酒,你會發現它的氣味不斷地轉換,特別是陳年的紅酒,感覺上好像坐著時光機器旅行,就在你的眼前,逐漸從暮氣沉沉,回春至青春煥發。

 ## 為什麼要醒酒

在喝酒之前,特別是紅酒,要開瓶讓酒瓶內的葡萄酒接觸空氣一段時間,這個過程被稱為醒酒。開酒後要放一段時間醒酒,幾乎是一種常識,透過接觸新鮮的空氣達到去除不好的氣味、軟化單寧、喚醒氣味的目的。事實上,大部分日常喝的葡萄酒不一定需要特別早點打開、進行醒酒。而需要醒酒的類型,倒入酒杯後與空氣的接觸面積更大,效果可能比在酒瓶中醒酒更好。

 ### 去除不好的氣味

有些時候,酒瓶中會有點不愉快的怪味,特別是年分比較久遠的葡萄酒會有經年累月悶在軟木塞以下的空氣,遺留釀酒時的硫化物或是其它的氣味。早些開瓶,可以讓不好的味道散去。

 ### 軟化單寧

這是針對年輕的紅酒所需要的步驟,有些紅酒年輕的單寧十分生澀,有種咬舌頭的過度刺激口感,相當不順口。打開酒瓶,可以讓空氣流入適度氧化,可以軟化單寧的生硬感。

 ### 喚醒氣味

有些時候,剛開瓶的酒,香味顯得呆板、沉悶,沒有吸引力。透過與新鮮空氣接觸後,會讓香味更容易散放出來。

 ### 沉澱物的來源

葡萄酒裡的單寧有相互聚合的物理傾向,會逐漸相互連結成較大的分子。同時間也結合色素、酚類等酒中的各種化學物質而形成沉澱物。

為什麼要過酒

有些酒需要更多空氣的接觸，喚醒酒香，軟化單寧，只靠瓶口些微的空氣流動醒酒，無濟於事。這時候我們需要透過「過酒」來充分發展酒的潛力。過酒是一個優雅有趣的程序，透過水晶瓶、燭火和瀰漫在空氣中的酒香，葡萄酒似乎更迷人了。除了宗教儀式般，給予心靈獨特感受外，過酒可以達到透氣、去除沉澱物和顯示酒的尊貴性三項目的。

透氣

打開瓶塞醒酒，有點緩不濟急。畢竟，狹小的酒瓶空間能夠與空氣接觸的面積有限。這時候或許必須要以「過酒」增加接觸面積，來幫助酒早點「醒」過來，可以充分展現酒的風味。特別是單寧厚重的年輕紅酒，口感顯得生澀；或是陳年的紅酒，香味黯淡，必須透過空氣的接觸，柔順口感或是釋放香味。

去除沉澱物

陳年的紅酒，會產生沉澱物。這些沉澱物對身體無害，也不會影響酒的品質。只是喝進去這些東西，總是會有不舒服的感覺，這時候可以利用過酒來去除沉澱物。

顯示酒的尊貴性

在晶瑩剔透的水晶瓶中裝上鮮紅欲滴的葡萄酒，旁邊再躺著泛黃標籤的老酒瓶。在宴客的當下，不用主人特別說明，所有的賓客都會了解這瓶酒的價值非凡。

哪些酒需要過酒？

需要過酒的葡萄酒有兩種，單寧厚的年輕紅酒，需要透過這個過程軟化口感；或是陳年的紅酒藉此去除沉澱物和釋放香味。

過酒可以讓陳年紅酒的香味盡情釋放，但需注意有些纖細脆弱的陳年紅酒，卻有可能因為這個過程而香味盡失。

什麼是酒石？

經常可以在酒瓶的底部或是軟木塞上發現透明如砂糖的結晶，被稱為「酒石」，特別是酸味強勁的白酒更容易發現。來源是葡萄汁中的酒石酸，是葡萄酒主要酸味來源之一，酒石酸在酒精中的溶解度比在水中的溶解度更小，所以在發酵的過程中會隨著酒精的增加更容易結晶。而儲藏的低溫也會讓酒石更容易形成。

酒石對於酒的風味和人體健康沒有影響，並不是酒的儲存不佳，而導致變質。

適飲時機

適飲溫度

開瓶

醒酒和過酒

酒杯

順序

品味

評酒

認識過酒的工具

過酒所需的工具並不多，除了酒之外，只需一個過酒瓶和光源。

 有沉澱物的老酒，或是需要大量空氣接觸喚醒味道或化單寧的紅酒。

 過酒瓶用來承接原酒瓶倒過來的葡萄酒，瓶子設計上呈現窄瓶口、寬瓶身，這是因為增加與空氣接觸的面積，更有效地讓酒醒過來。

 蠟燭、燈泡都可以，用來協助觀看沉澱物，避免流進過酒瓶中。

過酒的步驟

有些時候買回來的酒似乎沒有想像中美好，可能是尚未「醒」過來。透過過酒的過程，可以較快地讓酒香展現出來。如果是年輕的紅酒，沒有沉澱物，那就不需要額外光源的協助。

Step 1 直立酒瓶

平常橫躺的酒瓶一旦直立會讓沉澱物漂浮上來。所以在過酒之前，必須先讓酒瓶以直立的方式擺放24小時，讓所有的沉澱物聚集在酒瓶底部。

Step 2 利用光源觀測沉澱物

深色的酒瓶並不容易觀察酒液中沉澱物流動，所以我們必須利用光源輔助。

過酒時，將蠟燭或燈放在酒瓶頸的下方位置，幫助觀察沉澱物的流動狀況，避免沉澱物流入過酒瓶。

Step 3 將酒倒入過酒瓶

將直立的葡萄酒打開，慢慢地把酒倒進過酒瓶中。倒酒的動作一定要輕，避免把沉澱物又揚起來。

Step 4 沈澱物聚集瓶頸位置時，停止倒酒

當發現沉澱物已經聚集在瓶頸位置時，就必須停止倒酒，避免沉澱物流進過酒瓶當中。

適飲時機

適飲溫度

開瓶

醒酒和過酒

酒杯

順序

品味

評酒

過酒後的酒瓶要擺出來嗎？

之前我們已經提到，過酒可以顯示酒的尊貴性，所以宴客時，如果是舉世知名的佳釀，當然要拿出來，放在旁邊讓大家看到。如果不是品質高檔的葡萄酒，那就不要拿出來，放在廚房好了。

選用合適的酒杯

酒杯對於酒的風味影響很大，用不同的酒杯喝同一款酒，絕對有截然不同的感受。就像不同的服飾，對人的整體形象所造成的影響。

選擇酒杯的基本要點

喝葡萄酒主要是體會葡萄酒的色澤、香氣、滋味，好的酒杯就是要清澈透明，方便觀察色澤；杯口微收，可以集中香氣；合適的造型，決定酒液先接觸到舌頭的哪個部位，產生最好的滋味。

透明無色

品酒時，會先從酒色開始觀察起，有顏色的酒杯會影響酒色的觀察。雖然在德國或是阿爾薩斯會因當地的酒色十分清淺，而採用杯腳有顏色的酒杯來映襯酒色，但是在品賞的時候，對於酒的顏色觀察容易失去準確。所以在品酒的時候還是以杯身、杯腳都透明無色的酒杯較適宜。

無花紋

杯身上的刻花，可以讓光線折射，使得酒杯更顯得晶瑩剔透，價值非凡。但是光線的折射也會造成顏色的偏差，影響酒的真實面貌。

圓弧杯身

酒杯的形狀在杯身的底部較為寬闊，杯口處較為窄縮。主要是寬闊的杯身可以讓酒與空氣接觸的面積更多，容易散放酒香；而縮小的杯口，可以凝聚香味，更方便嗅聞。

高腳

溫度對於酒香的散放有決定性影響，而36°C的人體體溫對於所有的酒而言都太高了。高腳的設計可以避免手掌的溫度傳遞到酒液。

認識紅酒杯

紅酒杯通常需要接觸更空氣，來散發香氣，所以杯身通常較寬廣，讓空氣的接觸面增加。

 勃根地紅酒杯

較寬大的杯身和略向外展放的杯口，適合果香為主、酸度高的紅酒，例如黑皮諾、內比歐露。除了可以充分表現果香外，讓舌尖先接觸酒液的外型，也讓酸味不會過度強化。

2 波爾多紅酒杯

單寧豐富而酸度不高的紅酒適合的杯型，像是卡本內‧蘇維農。寬廣的杯身，讓酒香充分發展，酒液會先接觸舌頭上方，再流向四方，讓單寧和酸味產生和諧的口感。

認識白酒杯

白酒杯通常較為瘦長，容量也較小，方便在數口喝完，不至於因為喝太久，室溫升高酒溫，影響風味。

 麗詩玲白酒杯

適合果香為主、酸度高的輕淡類型，像是麗詩鈴葡萄釀製的葡萄酒。微微向外展放的杯口，不但可以強化果香香味，更讓舌頭的尖端先嘗到酒，再擴散到舌頭兩側，酸味不至於過度張揚。

2 夏多內白酒杯

較適合中度濃郁的葡萄酒，酸味適中，像是夏多內的葡萄酒類型。酒杯的形狀會引導酒液先接觸舌頭的上方，再繼續流到舌頭四周，讓酒產生和諧的口感。

 可以拿水晶酒杯品葡萄酒嗎？

所謂的水晶酒杯其實就是氧化鉛含量超過24%的玻璃，握感沉重有質感，對於光線的折射有更好的表現，看起來絢麗光采。但是鉛離子屬於神經毒，水晶杯所含的鉛離子在酸性溶液（例如：葡萄酒）中會被釋放出來，喝進去後被人體所吸收，以健康的觀點，不適合當做酒杯使用。

但是科技不斷進步，許多大廠不斷研發讓鉛離子更安定的玻璃，所以水晶酒杯選擇有信譽的大廠牌，相對較為安全。

適飲時機

適飲溫度

開瓶

醒酒和過酒

酒杯

順序

品味

評酒

認識汽泡酒酒杯

汽泡酒的品嘗重點當然是汽泡，所以酒杯必須要能夠充分欣賞汽泡漂浮動時的種種細節，例如：汽泡的大小、多寡、持續性……。

 長笛型氣泡酒杯

細長的杯身可以讓香味表現更為細緻、豐富。也方便觀察美麗精巧的泡泡一顆接著一顆飄上來。

 **扁平型汽泡酒杯**

雖然也被稱為香檳杯，卻極不適合汽泡酒。開闊的杯型讓酒香失散不容易品嘗，汽泡也容易過早消失。

強化酒杯

強化酒味道較一般的紅白酒濃烈，酒精度較高，飲用量較少，酒杯較為小巧。

 ① 雪利酒杯

這是傳統西班牙雪莉酒酒杯，特別適用不甜的雪莉酒，小巧的杯身讓果香更容易表現。

② 波特酒杯

鬱金香型的杯身，讓舌尖先與酒接觸，特別容易表現出波特酒的甘醇圓潤的口感。

 ISO酒杯適合品嘗所有葡萄酒

有鑑於酒杯的樣式愈來愈多，1974年國際標準組織（ISO）設計了一款酒杯，嚴格的規定酒杯各部位的尺寸，目的是可以此款酒杯適合品嘗所有葡萄酒類型。不論是紅、白酒，汽泡酒還是強化酒，都可以使用這個酒杯進行品嘗。

ISO酒杯的特色和其他酒杯不同，目的在於不會突顯酒的任何特點，像鏡子一樣忠實地反映原本的面貌。因此，目前有許多國際品酒活動，或是葡萄酒教學都會用這種酒杯。

品嚐不同葡萄酒的順序

葡萄酒因其釀造方式、年分、葡萄品種……等原因，有其特殊風味。在品飲不同款的葡萄酒時，葡萄酒殘留在口中的滋味會影響品嚐下一瓶葡萄酒，為了能充分感受品飲每款葡萄酒的風味，因此需留意飲用順序。

不同類型葡萄酒的品酒順序

不同釀造方式的葡萄酒，在同時間品嚐，很容易區分出先後順序。紅酒因為在釀造過程中，由果皮中獲得更多的單寧和芳香物質，無論在口感或是氣味上通常比白酒濃郁；而經過長時間木桶陳年的強化酒口感又比紅酒更為豐富，所以品酒順序上應該是白酒→紅酒→強化酒。

白酒		紅酒		強化酒
白酒酒體最為清淡	→	紅酒酒體比白酒濃厚	→	強化酒的口感又較紅酒強烈

同類型不同風味葡萄酒的品酒順序

在品嚐同類型的葡萄酒時，判斷飲用的先後順序上需要對酒有稍微的了解。

不同年分時

在品賞相同顏色的葡萄酒時，應該由年分較新的新酒開始，年分新的酒通常沒有發展出深沉的焦糖、巧克力這一類的厚實氣味，口感上也較缺乏迴盪不已的餘韻，所以應該先喝。

先 年分新的新酒		後 年分老的熟成酒
香氣變化少，通常比較缺乏餘味	→	香味層次豐富，口感比較厚實，餘味悠長。

口味濃淡不同時

濃厚的葡萄酒會壓倒清淡葡萄酒的味道，因此口味清淡的要放在前頭先喝，以免濃厚的口感壓過清淡的口感。例如同樣是夏多內，有無經過橡木桶陳年的飲用順序不同。有經過橡木桶陳年的味道就會較重，應該擺在後面喝。以紅酒為例，清爽的黑皮諾應該比濃郁厚重的希哈先喝。

 甜度不同時

不同甜度對於味覺的影響，是許多人生活中共同的經驗，吃過高甜度的香草冰淇淋，再吃低甜度的綠豆湯，會讓綠豆湯索然無味。同樣地，甜度高的酒絕對要放在最後，例如德國的麗詩鈴。低甜度的一般成熟（Kabinett）等級，應該在高甜度的遲摘串選（Auslese）、遲摘粒選（Beerneauslese）等級之前享用。

在連續品嚐不同葡萄酒時，可以準備一些沒有特殊味道（甜、氣味濃郁…）的麵包，在喝兩瓶酒之間，可以嚼一口麵包，清洗口腔中上一瓶酒的味道，恢復味覺的靈敏度。

如何品味葡萄酒

葡萄酒不要咕嚕嚕，一口就喝下去。慢慢地觀看顏色，細細地品味香氣，最後再讓舌頭體會所有的滋味。每一個步驟都會告訴你許多故事，和許多享受。
在品賞的過程中，必須旋轉酒杯，因此酒最多倒半滿，才不會濺灑出來。同時酒杯必須握在杯腳部位，以免手的溫度提高酒溫，以及汗漬、指紋影響顏色的觀察。

 ## 品嚐葡萄酒的基本流程

品嚐葡萄酒最重要的部分有三：觀察色澤、品聞香味、品嚐味道，掌握了這三項重點，就可以對葡萄酒的風味有更深一層的體會。

 ### *1* 觀察色澤

在白色背景下觀察顏色、光澤和清澈度最不會受到干擾，必要時在酒杯後墊一張白紙觀察。

 ### *2* 品聞香味

不同的香味類型會聚集在酒杯不同的位置，所以多聞幾次會有不同的感受。

 ### *3* 品嚐味道

舌頭不同的部位、掌管不同味道的品嚐，所以喝的量要能夠覆蓋整個舌頭，讓味覺充分體驗所有的滋味。

 執杯的方式

握酒杯時應該握住酒杯底座或是杯腳下方，這兩個位置都不會讓手掌的溫度升高酒溫，而影響酒的香味表現、影響觀察酒的色澤。

手握酒杯時應該握住底座或是杯腳下方

觀察色澤

在這個步驟主要是觀察清澈度、顏色、光澤等，讓我們判斷酒體的品質、陳年狀況和風味。

觀察色澤的步驟

Step 1 觀察酒的清澈度

將葡萄酒倒入酒杯約四分之一的容量，接著，把酒杯舉至與眼睛同高的高度，最好有光源在酒杯的側方（左邊或是右邊），可以更清楚地觀察酒色。

直接用眼睛觀看酒液是否澄清。除了陳年紅酒會有沉澱物，或是白酒有顆粒狀的酒石外，應該是沒有懸浮物讓酒成為混濁的雲霧狀態，若有，這瓶酒可能是變質不能喝了。

酒杯舉高到與眼睛同樣的高度，方便後續的觀察。

> **Point** 陳年紅酒含有沉澱物、白酒偶有顆粒狀的酒石結晶外，應該沒有雲霧狀的漂浮物，若有則表示酒質已經敗壞。

Step 2 觀察酒的光澤度

接著，將酒杯下移至胸前位置，酒杯向外傾斜約45°，觀察酒的光澤，特別是與酒杯接觸的邊緣位置。為了方便觀察，酒杯後方最好是白色背景，或是以一張白紙襯在後方。

白酒若是帶有綠色的光澤，或是紅酒有明亮的紫色、鮮紅色，表示葡萄酒屬於近期的年輕年分。

將酒杯向外傾斜約45°，觀察酒的光澤，特別是與酒杯接觸的邊緣位置。

> **Point** 無論是紅白酒或是紅酒，酒的光澤愈明亮，表示酒愈年輕。

Step 3 觀察顏色

從觀看酒的顏色可以看出許多隱含的訊息。

白酒部分

以白酒來說，同品種的酒，顏色較深者可能是來自
較溫暖的區域，通常香味較為外放，口感較濃郁。
年輕的白酒顏色通常極淺，但是隨著時間流逝，氧化
程度增高後，會表現出黃色色澤。而經過橡木桶發酵的
酒在年輕時也會有較重的金黃色出現。
高度濃縮的貴腐酒甜酒在年輕時呈現的是麥桿般的淺棕色、
金黃色，陳年後則轉化成黃銅、琥珀色。

紅酒部分

紅酒的色澤變化比白酒明顯，顏色深淺上的變化和白酒剛好相反，年輕的紅
酒顏色飽滿明亮，陳年後因為色素氧化或是沉澱，顏色逐漸變淺、變柔和，
呈現較不活潑的褐紅、橘紅或是磚紅。
味道上，呈現紫黑色的色澤紅酒通常有較濃郁的口感，而呈鮮紅色的紅酒品
嚐起來經常有明顯的酸味。

> **Point**　愈陳年的白酒顏色愈深厚。
> 愈陳年的紅酒顏色卻是愈淺薄。

Step 4 旋轉酒杯觀察淚痕

最後，將酒以逆時針或順時針方向旋轉，酒
液在杯中形成小漩渦。舉起酒杯，透過光源
平視酒杯內側，觀察酒液在杯身流下的痕
跡。因為形狀宛若眼淚滴下，所以被稱為淚
痕（tears），或是腿（legs）。
當酒液中含有的甘油、酒精或是糖分愈高
時，酒的黏稠度愈高，在酒杯上會形成綿密
的淚痕，滴落的速度也較慢，也意味酒的口
感較為厚實。

> 酒的口感較為厚實時，酒
> 液中含有較多的甘油、酒
> 精或是糖，在酒杯上會形
> 成綿密明顯的淚痕。

> **Point**　綿密的淚痕通常表示酒的口感較為
> 厚實。

適飲時機

適飲溫度

開瓶

醒酒和過酒

酒杯

順序

品味

評酒

品聞香味

酒的香味複雜多變，不同的香味有出現的先後順序差異，在杯子中的存在位置也不同。在品嚐的時候，多聞聞幾次，經常會有一次又一次的驚喜。

 香氣的位置

不同的芳香分子的物理性質關係到揮發的速度，也就是一段時間內空氣中芳香分子的數量多寡，和散播的方向。因此不同的聞香位置將影響人類嗅覺細胞捕捉芳香分子的數量，產生「氣味」的知覺和「氣味」的濃度感受。

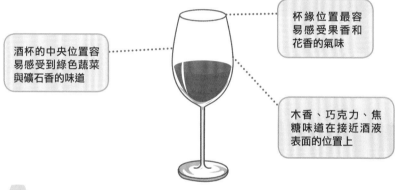

酒杯的中央位置容易感受到綠色蔬菜與礦石香的味道

杯緣位置最容易感受果香和花香的氣味

木香、巧克力、焦糖味道在接近酒液表面的位置上

 花香與果香

是最為小巧的芳香分子，揮發速度快，迅速地向四面八方逃逸，在酒杯的杯緣位置最容易感受果香和花香的氣味。

 綠色蔬菜與礦石香

類似蘆筍、朝鮮薊或是礦石、土壤稍微厚重的味道，揮發稍微慢一些，在酒杯的中央位置容易感受到這類型的味道。

 木香

沉重的木香、巧克力、焦糖味道揮發速度更慢了，在接近酒液表面的位置上，比較容易捕捉到。

捕捉香氣的技巧

聞香，其實就是呼吸。在吸氣的瞬間，讓嗅覺細胞接觸空氣中的芳香分子，傳遞到大腦，而產生氣味的感受。所以只要會呼吸，就有能力徹底享受葡萄酒獨特的香味。只是呼吸的長短，使用的力氣大小，關係到有多少芳香分子刺激嗅覺細胞，而會帶給我們有不同的嗅覺感受。

在品酒時，我們通常會運用以下的呼吸方式，品賞氣味。

 ## 短促的吸氣

短促但是不要過於用力的吸氣，這個輕巧的吸氣目的是捕捉葡萄酒氣味所給予的第一印象，像是新鮮潔淨的果香，如檸檬、蘋果……；或是有不乾淨的味道，例如酵母的發酵味、二氧化硫……等味道。

 ## 深沉綿長的吸氣

這是習慣性嗅聞味道的動作，也就是深呼吸，用較長的時間和稍大的力量捕捉氣味，這樣大動作的吸氣可以大規模地接觸葡萄酒氣味分子。然而，短時間內反覆過度使用這個吸氣動作，容易導致嗅覺神經疲乏，影響接下來的聞香靈敏度。

 ## 短促細微的吸氣

類似第一個吸氣動作，只是氣力更輕巧些，甚至於在情緒上也更放鬆些。許多好酒有幽微精細的味道，而且稍縱即逝。這種細緻的香味必須配合這種輕柔的吸氣才能夠品嚐到。

 ## 綿延細緻的吸氣

宛若平常無意識時的呼吸動作，但是稍微將吸氣的時間延長，這種方式可以捕捉到較多的氣味。同時不會過度使用嗅覺，相對不容易有嗅覺疲乏的狀況產生。

聞香的順序

香味是葡萄酒最精彩迷人的部分，酒香會隨著空氣的接觸轉變，因此每次喝酒時都應該再仔細品賞氣味變化，並在生活經驗裡尋找類似的香味感受。

Step 1 第一次聞香

第一次聞香時不要旋轉酒杯，靜靜地、短短地吸氣，快速捕捉第一印象。是否有不愉快的硫磺味或是酵母發酵味。若是陳年的老酒，則是要捕捉細微而易逝、幽微味道，這種難以形容的細緻香味，相當容易消失。

Step 2 第二次聞香

旋轉酒杯後，氣味的分子被流動的空氣帶動，可以明顯的聞到酒中所含有的香味。這個動作可以重複進行數次，隨著酒溫逐漸地上升，每次的香味都會有不同的變化。旋轉酒杯時，必須保持同一個方向旋轉，不要忽然順時針、忽然又逆時針，攪亂芳香分子的層次。

Step 3 聯想並且描述所聞到的味道

在每一次聞香之後，應該在腦海中搜尋氣味的記憶，酒香帶給你個人哪些香味的聯想，並且記錄下來。要注意的是，當以水蜜桃的氣息形容酒的香味時，並不是說和水蜜桃一模一樣的味道，而是指會讓人有水蜜桃的聯想。

INFO 如何協助氣味鑑定和聯想？

專業的訓練課程，會有所謂的聞香瓶(俗稱酒鼻子)，每支瓶子會有單獨特定氣味，例如：檸檬、櫻桃、雪松、香草……等。可以協助氣味的鑑定和聯想。沒有聞香瓶，可以用真實的物品代替。例如，對照正在品嚐葡萄酒的相關資訊，找出可能會有的香味表現。如果資料上說這瓶葡萄酒有香草莢的甜香，那麼可以先準備好香草莢，仔細了解香草莢的氣味之後，再來尋找酒的香味中是否有類似的氣味。

葡萄酒的香氣來源

葡萄酒的香味變化多端，常常令人有種不可思議的奇幻感覺。相同品種的葡萄酒在不同天候環境可以有相同的本質卻不盡相同的香味表現，加上混合不同的品種、釀造技術更發展出令人瞠目結舌的多元感官享受。

這些香味除了來自於葡萄本身和橡木桶的味道之外，發酵的化學變化更提供精彩的香味旅程。

 葡萄本身的香味

葡萄皮含有多種氛香物質，不同類型的葡萄有各自獨特的氣味，梅洛、卡本內‧佛郎這類型的葡萄本身就擁有類似綠葉、藥草的味道；例如：麗詩鈴常常散發出檸檬似的香味。

這些原有的芳香物質在發酵的過程中，受到酒精和氧氣的影響而產生變化。像是葡萄皮中蘊含的單萜烯類香味在氧化後變成醇類，醇類再與酸的結合變化成酯類、醛類，香味因此更豐富、更有個性。

 橡木桶的香味

橡木含有多種酯類、芳香醛等芳香物質，當葡萄酒在橡木桶發酵時，橡木桶的香味也會滲入葡萄酒中，參與複雜的化學變化，提供更多樣的表現機會。

除了不同產區的橡木有不同的香味成分比例外，不同處理過程的橡木桶也會提供不同的氣味。像是未經烘烤的橡木桶通常會發展出焦糖香和樹脂香兩個系列味道。而烘烤過的橡木桶因為加熱產生變化，而發展出煙燻和石油兩個系列的味道，這些種種的條件讓香味有更多的變數，也因此更多元有趣。

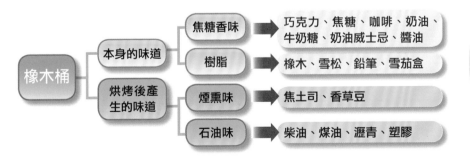

側邊標籤：適飲時機　適飲溫度　開瓶　醒酒和過酒　酒杯　順序　品味　評酒

葡萄酒的香氣分類

分類	區分	說明
花香	紅花香→玫瑰、天竺葵、紫羅蘭 白花香→茉莉、橙花	大部分的花香是來自於葡萄本身的芳香物質，是葡萄酒最早發展出來的香味之一。像是格烏茲塔明那葡萄所含有的芳香醛，通常讓人有天竺葵、玫瑰的聯想。這些年輕的香味在陳年之後也會慢慢轉變，像是類似茉莉的清新白花香經常會轉變成麝香之類的動物香。
果香	新鮮果香→蘋果、桃子、梨子、櫻桃 柑橘類果香→檸檬、柳橙、葡萄柚 漿果類果香→黑醋栗、草莓、黑莓、桑葚 熱帶水果類果香→香蕉、鳳梨、荔枝、哈密瓜 乾果類果香→葡萄乾、無花果、甜棗	果香也是葡萄酒最早發展出來的香味之一，主要是來自於葡萄本身的芳香物質，因此在年輕的紅、白酒中很容易發現新鮮果香、柑橘類果香、漿果類果香、熱帶水果類果香。經過陳年後，香味會逐漸成為較厚實的乾果類果香，或是類似糖煮水果、熟透發酵後的果香。
植物性香味	鮮草、綠葉→青草、薄荷、尤加利、青椒 煮熟或加工後的蔬果→青豆、蘆筍、橄欖、朝鮮薊 乾草類→麥桿、茶葉、菸草	植物性的香味屬於葡萄酒在初期所發展的氣味居多，通常來自於葡萄本身。在年輕時容易有薄荷、青草之類的綠色葉片味道；老化後漸漸表現出茶葉、麥桿甚至於蘑菇等氣味。 而菸草的香味則是來自於橡木桶，通常在頂級的陳年佳釀中可以遇見。
辛香料香味	辛香料香味→胡椒、茴香、丁香	和葡萄品種的關係很大，屬於葡萄酒較晚期發展出來的香味，像是希哈在年輕時是以漿果香味為主，陳年後卻散發辛香料、胡椒之類的味道。
動物香	動物香→皮革、毛皮、麝香	這是讓人最不可思議的味道，植物性的葡萄可以有動物性的香味。這類型的香味通常是來自於葡萄本身，由花香和果香逐漸轉換過來，或是單寧與蛋白質結合後逐漸發展出來的味道。像是白蘇維儂濃郁的芬芳經常被形容貓尿的味道，馬爾貝克著名的皮革、毛皮臊味。

分類	區分	說明
堅果香	堅果→核桃、胡桃、杏仁	堅果的香味在釀造過程中，與空氣適度接觸氧化的葡萄酒中也會發現，經過橡木桶發酵的高檔酒中也會發現，在勃根地地區的頂級白酒中經常可以體會到這種高雅的堅果香味。
木香	樹脂→橡木、雪松、鉛筆、雪茄盒	木香主要來自於橡木桶，其中橡木、雪松這種木頭似的香味就是來自於橡木桶原有的味道；燻烤過的橡木桶則會表現出焦土司、煙燻、香草莢等香味。
	煙燻→焦土司、香草莢	
焦糖香	焦糖香→蜂蜜、巧克力、焦糖、咖啡、奶油、牛奶糖、奶油威士忌、醬油	是濃厚甜香的慣用形容詞，不單單只是形容蔗糖焦糖化後的特殊香味，而是泛指所有深厚的甜香味，像是蜂蜜、巧克力、焦糖、奶油威士忌……等。這些味道主要來自於烘烤過的橡木桶，陳年後轉換出來的香味。
化學香	石油味→柴油、煤油、瀝青、塑膠	這是一個香味的大分類，大多數是屬於負面的評價。與石油關聯的氣味通常與橡木桶有關，特別是烘烤過的橡木桶，在有些品種陳年後也可以發現，是較中性或是讚美的辭彙；硫磺味則是來自於添加的二氧化硫；尖銳刺鼻的味道則是發酵過程中的不適當的化學變化所產生。
	硫磺味→濕淋淋的動物味、硫磺味、甘藍菜、大蒜、洋蔥、火柴	
	刺鼻味→醋酸、乙酸	

INFO

香氣環（Aroma Wheel）

補捉到熟悉的味道卻找不到字彙描述是許多品酒人士共同的經驗，經過許多專家彙整製作的香氣環，將香味分類整理，非常方便實用。例如：我們感受到水果的香味，卻無法明確表達時，或許就可以在香氣環果香分類中，確認出是青蘋果的芳香；或是在植物性香味的分類中，肯定地說出青椒味。

在網路的搜索引擎上輸入Aroma Wheel，就可以找到中文或是英文的各種版本。

如何自己描述聞到的味道

在形容香味時有主觀的感受和客觀而具體的描述，主觀的感覺描述是一種難以捉摸的形容語彙，像是幽微、細緻、高雅都屬於這一類型。而花香、果香，或是更目標性的檸檬香、玫瑰香則是具體的描述。練習時盡量以具體的描述，能協助自己更精準地掌握。在難以找到精確字眼時，香氣環會是個實用工具。

適飲時機

適飲溫度

開瓶

醒酒和過酒

酒杯

順序

品味

評酒

品嚐味道

在觀察色澤與品聞香氣後，最後就是品嚐味道，享受葡萄酒帶來的口感。通常，品嚐味道時，會注意酒的酸味和甜味是否平衡、單寧的感受、酒精的刺激感、餘味的長短……，一瓶有美好餘味條件的葡萄酒，通常會被視為較佳的酒。

酒的味覺組合

成人大約擁有一萬個味蕾，每一個味蕾大致有50個味覺細胞來傳遞食物的味道。品嚐酸、甜、苦、鹹各自有不同的味蕾，集中分配在特定位置。品嚐甜味的味蕾主要聚集在舌尖，酸味在舌頭兩側，鹹味主要分布在舌頭的上面，苦味則是舌頭的後端。

葡萄酒中味道元素

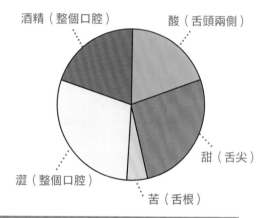

酒精（整個口腔）
酸（舌頭兩側）
甜（舌尖）
苦（舌根）
澀（整個口腔）

 ## 品嚐味道的流程

Step 1 含在口中

舉高酒杯，以幾乎水平的角度將杯緣靠在下唇上方，微微用力將酒吸進口腔，酒的分量要足夠讓舌頭可以完整浸泡到酒液。酒入口後，不要急著吞入，略為翻動舌頭，讓酒在口中流動，讓口腔的味蕾都可以接觸到酒，感覺酒的味道和質地。

Step 2 吸氣

當酒還保留在口腔的時候，吸口氣，讓吸入的空氣可以波動口腔中的酒，揚起更多、更直接的香味。

Step 3 呼氣

接著，讓帶著酒香的空氣由鼻腔呼出，充分運用味覺和嗅覺。

Step 4 感覺餘味

已經喝進肚子的酒會在口腔裡面留下酒精的灼熱、單寧的收斂、酸味的刺激，當然還有若斷若續的香味。美好的味道當然最好延長久一些，若是不好的味道遺留下來，則是一場大災難。所以並不是餘味愈長愈好，只是餘味感受的好與不好卻是品酒的重點。在喝酒後，別急著吃東西，讓口腔歇息一下，認真感受遺留的香味和味道，會讓你重新認識一瓶酒。

味覺表現	來源	種類和表現	影響
酸	葡萄本身含有多種酸項物質，最主要有蘋果酸、酒石酸。以上兩種總約占所有酸性物質的90％以上。 經過發酵後，尖銳的蘋果酸會被分解成柔軟的乳酸。 而發酵的過程中，或多或少也會產生另一種刺鼻的酸味：醋酸。	●較柔和酸味：乳酸、酒石酸等。 ●較刺鼻尖銳酸味：檸檬酸、蘋果酸、醋酸等。	酸味除了是酒陳年保存的重要關鍵外，更可以讓酒充滿活力新鮮的口感。 缺乏酸味的酒喝起來沉悶無趣，而過酸的酒則表現出尖銳咬口。 另外，酸味可以中和甜味的甜膩，或是強化苦澀感。
甜	葡萄含有的糖分主要是葡萄糖與果糖。不同品種和不同的果實成熟期兩者的比例會有顯著差異。 不論是天然的糖分或是人工所添加，發酵過程中糖分會轉化成酒精和二氧化碳，未發酵的糖分則會保留下來，產生甜的口味。 另外，發酵中也會產生略帶甜味的甘油。	●高甜度：果糖。 ●低甜度：葡萄糖。 ●微甜：甘油。	糖分的甜味除了產生甜的口味外，會讓口腔有種滑膩的感受，即使味覺已經無法察覺的低糖度，也會讓酒有圓潤的口感。 甜味會降低對於酸、苦、澀的感覺。糖分不足的酒會感到乾瘦貧瘠，糖分過高則會有膩口的痴肥口感。

適飲時機

適飲溫度

開瓶

醒酒和過酒

酒杯

順序

品味

評酒

味覺表現	來源	種類和表現	影響
澀	澀味主要是來自於葡萄皮、橡木桶的單寧。當單寧與口腔中的蛋白質結合時，導致口水的滑潤感降低，所產生收斂的刺激感，就是澀味。	不同品種的葡萄、橡木有不同的單寧，表現出強勁、粗糙、細緻或是柔軟。	單寧的澀味表現出酒的力量與架構，讓其他的味覺可以在單寧所組成的空間展現，呈現出層次的美感。 單寧更是強力抗氧化劑，可以讓酒通過歲月的淬煉。 陳年的酒，單寧因為相互結合，形成較大的分子，澀味的刺性降低，口感較為柔順。
酒精	酒精也就是乙醇，由糖分發酵產生。糖分可以是來自葡萄本身，或是人工添加。	通常溫熱地區種植的葡萄含有較高的糖分，有機會發酵成較高酒精含量的葡萄酒。	酒精除了讓人醉之外，也會讓酒有豐潤飽滿的感受。 但是過高的酒精，會有刺激的酒精味和口腔的灼熱感。

品酒時要不要把酒喝下肚？

除了酒精帶來的暈眩快感，葡萄酒給予的感官享受嗅覺和味覺，甚至於觸覺，在酒抵達口腔的同時，都已經完成。也就是說，讓酒通過食道然後進到胃裡面去這個過程，並不會讓你感受到多一分的甘醇或是芳香。所以在品酒會上，品酒師們為了避免酒精影響判斷力，不會將酒吞下去。

當然，在情感上還是覺得喝進去，才有享受的感受和不至於產生糟蹋美酒的罪惡感。

澀是味覺還是觸覺？

單寧帶有苦的味覺外，也會造成的「澀」的感覺，兩者雖然都是在口腔發生，「澀」卻不是由味覺細胞所傳達到大腦，和「辣」的感受相同，是屬於觸覺的感官知覺。

酒精所造成的灼熱感也屬於觸覺的感官知覺。

不愉悅的味道

葡萄酒並非只有美好愉悅的香味，如果因釀造或保存上的疏失，會造成各種的怪氣味，這些不好的氣味，也經常伴隨不好的口感與味道。至於個人的口味偏好，如個人因素而不喜歡澳洲卡本內‧蘇維儂的尤加利味、或是格烏茲塔明那過於濃郁的玫瑰香，則不屬於不愉悅的味道。

 軟木塞臭霉味

使用軟木塞封裝的葡萄酒大約有2～5％的機會，會因為軟木塞受到細菌或是黴菌侵蝕、腐敗而有一種臭霉味，這是葡萄酒最常見的意外氣味。

由於澳洲、紐西蘭等新世界產酒國大力鼓吹使用旋轉金屬瓶蓋來裝葡萄酒，也造成軟木塞工廠的壓力，必須使用更先進的方式，例如高溫、高壓、液態二氧化碳來徹底消毒軟木塞，降低受到黴菌侵襲的機率。

 過度氧化

釀造過程徵適當地與空氣接觸，會讓酒有堅果的香味，或是強化酒的風味。若因釀造或是保存上的疏失，導致酒過度與空氣接觸，會嚴重破壞酒的風味。除了喪失應該有的清新果香、花香之外，此時葡萄酒更會產生類似蘑菇的土味、或是腐爛的水果味等令人作嘔的氣味。過度氧化的葡萄酒在顏色也會形成沒有光澤的棕色、黃褐色。

 醋酸

葡萄酒在釀造或是保存的過程中，若是很不幸地有其他菌種參與發酵，導致產生醋酸而不是酒精，此時葡萄酒將會有尖銳刺鼻的酸味，和灼熱的口感。

 二氧化硫

在發酵過程添加二氧化硫的步驟上有失誤時，葡萄酒會產生硫磺的怪味，若是在裝瓶之前已經被發現，還可以有辦法補救。一旦裝瓶之後，消費者在開瓶時才發現，這個時候硫化物已經和酒精結合成乙基硫醇，形成類似臭雞蛋、大蒜、洋蔥的古怪味道。有些時候用過酒、換瓶的方式去除味道會有幫助，有時則沒有辦法去除。

評價

品嚐過葡萄酒後，對品飲下肚的葡萄酒的風味或口感有想法，藉由葡萄酒評分表可以幫助自己更能精確掌握葡萄酒的各項特徵，藉助每一次的品嚐，忠實地記錄品嚐時酒的香氣與滋味與當下感受，並累積自己區別不同酒款特性的能力，增進自己的品賞能力。

評酒計分表

評分表

品嚐日期：＿＿＿＿＿＿＿＿＿　品嚐地點：＿＿＿＿＿＿＿＿＿

酒名：＿＿＿＿＿＿＿＿＿＿＿＿＿＿＿＿＿＿＿＿＿

國籍：＿＿＿＿＿＿＿＿＿　產區：＿＿＿＿＿＿＿＿＿

酒廠：＿＿＿＿＿＿＿＿＿　裝瓶者：＿＿＿＿＿＿＿

等級：＿＿＿＿＿＿＿＿＿　品種：＿＿＿＿＿＿＿＿

年份：＿＿＿＿＿＿＿＿＿　酒精含量：＿＿＿＿＿＿

項目	表現	極佳	非常好	良好	普通	不佳
外觀／顏色	清澈度					
	顏色					
氣味	花香					
	果香					
	＿＿＿					
	＿＿＿					
	＿＿＿					

項目	表現	極佳	非常好	良好	普通	不佳
味道	酸					
	甜					
	苦					
	澀					
	酒精					
整體感受	和諧感					

貼上標籤

感受：
_____
_____
_____
_____
_____
_____
_____

適飲時機

適飲溫度

開瓶

醒酒和過酒

酒杯

順序

品味

評酒

專業酒評常見的評酒描述

品酒上有些特定的用語來形容特定的品酒感受，方便快速溝通嗅覺和味覺上的感覺，表達上其實和生活用語差異不大，很容易上手瞭解。

葡萄酒評術語與代表的意思

	評酒描述	代表意義
香氣描述	花香 （Floral）	形容酒的香味讓人聯想起橙花、玫瑰、紫羅蘭等花朵的氣味，以形容白酒居多。
	果香 （Fruity）	形容酒的香味讓人聯想起水果的芬芳，像是水梨、蜜桃、櫻桃、荔枝、芒果……。
	木香 （woody）	形容酒的香味讓人聯想起木頭的氣味，像是鉛筆、雪茄盒、雪松……。
味覺描述	酸 （Acid）	中文所謂的「酸」可以區分為精細愉快、充滿活力的爽口（英文常用acid這個字）；或是醋酸般過度刺激，造成牙酸齒搖的痛苦兩種（英文常用sour這個字），是完全不同的兩個意義。豐富而美好的酸味除了味覺的享受之外，代表可能有陳年的能力。
	澀 （Astringent）	單寧會結合口水中的蛋白質，消除了口水的滑潤感，而產生「緊收」的感覺。適當的澀味可以開味，適合當做開胃酒；或是適合搭配肥膩的肉類，中和過多的油脂。 粗劣、大量的單寧導致過度強烈的澀味，表示酒的品質相當粗糙。
	苦 （Bitterness）	也是單寧的味覺表現，採用成熟度不足的葡萄釀製時，容易產生這種現象，通常是指葡萄酒風味上的缺失。
口感表現	餘味 （After taste、Finish、Length）	類似喝茶所說的「喉韻」，表示口感持續停留在口腔的時間。雖然較長的餘味經常表示好品質，但是軟木塞腐敗或是其它可怕餘味，則是一場災難。
	平衡 （Balance）	葡萄酒中的酸、甜、澀、香味、酒精…都有適當的比例，沒有強調或是壓抑其中任何單一項目，呈現一種勻稱美感。

	評酒描述	代表意義
口感表現	醇厚度 （Body）	中文也常用「酒體」來表達。是指香味、味覺感受、甘油和酒精濃度在口腔呈現的豐農扎實感。強烈（Big），豐富（Full）是類似的形容；細緻（Delicate）、優雅（Elegant）則是相反的讚美詞。
綜合 形容詞	清新 （Fresh）	表示含有適量的酸味，甚至於稍微過於尖銳的酸味，是年輕白酒必要的風味之一。
	吸引力 （Attractive）	常常是技巧性的用字，類似口語上「還不錯」的意思。對於久享盛名的酒莊常常有貶抑的暗示；名不見經傳的新興酒莊則是讚美。
	明亮 （Bright）	形容酒的清新感，特別是指年輕的酒，或是美好的酸味表現。
	迷人 （Charming）	習慣用來形容清爽，甚至於略帶甜味的酒的讚美詞。
	豐富 （Complexity）	表示酒中美好的元素，有深深淺淺的多元表現，例如香味可能陸續展現出花香、果香、木香、辛香料…。
	細緻 （Delicate）	意指醇厚度不高，但是風味表現良好。
	優雅 （Elegant）	對於不是強烈風味葡萄酒的讚美辭，沒有過度強烈的香味或是豐滿的口感，呈現一種自然、中性的美感。
	肥厚 （Fat）	用來表示氣味和味覺充滿口腔的感覺，通常形容酒精度高，但是沒有尖銳的酸和單寧的刺激。可用來讚美酒的豐富口感，或表示結構過於鬆軟。
	結實 （Firm）	形容酒有適當的酸味和單寧的澀味，表現出年輕的活力感，也象徵有陳年的潛力。
	瘦 （Lean）	通常表示缺乏豐富的果香和濃郁的口感；但有時也表示具有特殊風格的讚美。
	圓潤 （Roundy）	有糖分、酒精或是甘油的潤滑，但沒有「肥厚」的過度，是常用的讚美詞。
	架構 （Structure）	口感和香味除了豐富之外更具有層次，通常是指單寧架構出來較有個性的美感。沒有結構的酒意謂著乏味、平淡、無趣。

適飲時機

適飲溫度

開瓶

醒酒和過酒

酒杯

順序

品味

評酒

WINE
第 6 篇
CHAPTER 6

🍇 學會葡萄酒與食物 的搭配

大部分的人都知道「紅酒配紅肉，白酒配白肉」的搭配法，但是實際上真正要搭配食物時還是讓許多人很困惑。例如：一樣是蠔，但是加了大量配料的「蚵仔煎」和只滴三、兩滴檸檬的「生蠔」的味道就是完全不一樣，當然應該搭配的酒也不會相同。

另外，在餐廳中面對天書一般的酒單，要如何搭配食物點對適合的酒？如何與服務人員互動？才能夠落落大方，賓主盡歡？這些困擾的問題，在本篇可以找到答案。

● 本篇教你

- 食物與葡萄酒搭配的基本原則
- 如何選酒
- 如何在餐廳點酒

葡萄酒與食物搭配的基本原則

搭配對了，葡萄酒可以讓食物更好吃，食物也會讓讓葡萄酒更香醇。搭配錯了，也有可能造成味覺的大災難。

這裡會告訴大家一些基本原則，大家可以照著這些方法試試看。當然，偶爾也可以故意反其道而行，看看會不會有「驚喜」。

酒與食物搭配的基本原則

紅葡萄酒通常含有豐富的單寧，單寧的澀感有去油解膩的功效。白酒通常有爽快的果香和酸度，可以淡化腥味，或是增加食物的鮮甜。這個道理就是我們常聽到「紅酒配紅肉、白酒配白肉」的基礎。

1 白酒搭配白肉

所謂的白肉是泛指油脂較少，肉質細緻、清淡的肉品，而非肉色呈現白色的肉品，除了海鮮之外，還包含小牛肉、雞肉、豬肉……。

這類細緻的肉品若是與清淡的白酒搭配，白酒不但不至於搶奪食物的風味，而豐富的花香、果香更能襯托出食物的香味或是淡化肉類的腥味；適度的酸味可以讓食物更加地鮮甜爽口。

由於紅酒味道通常較濃郁，容易壓制食物纖細的風味，而豐富的單寧也會讓缺乏油脂的白肉呈現過於乾澀的口感，或是容易與海鮮結合成強烈的鐵鏽腥味，例如：鮭魚與希哈紅酒的可怕組合。

白肉
油脂較少肉質細緻、清淡的肉品，如海鮮、小牛肉、雞肉、豬肉……

＋

白酒
豐富的花香、果香；適度的酸味。

襯托出食物的香味或是淡化肉類的腥味，讓食物更加地鮮甜爽口。

2 紅酒搭配紅肉

紅肉是指油脂較多、肉質纖維較粗大、肉味較強烈的肉品,如牛肉、羊肉或是鴨肉。

大部分的紅酒通常擁有比較濃郁的口味和豐厚的單寧,飽滿的酒香更適合與氣味濃厚的肉類互相烘托;豐富的單寧更可以軟化肉質,讓肉質口感會更為柔嫩;而澀味產生的收斂感,又可以去除油膩感。所以,品嚐油豐味濃的沙郎牛排時,搭配單寧飽滿、香味厚重的卡本內·蘇維儂紅酒,不但降低了單寧對味蕾的強烈刺激,也同時間去除脂肪的油膩。

相對地,當濃郁多脂的牛肉若與清爽類型的白酒,例如麗詩鈴白酒組合,不但感受不到酒能夠帶給肉質有任何豐富的口感變化,而且更會品嚐不到麗詩鈴的輕巧,而呈現出開水般的平淡乏味。

3 對等原則

當已經用「紅酒配紅肉、白酒配白肉」的基本原則做過初步的判斷後,可以更進一步,依據酒質和食物的濃厚度做更密合貼切的選擇。

酒體的醇厚度是指單寧含量、酒精等含量的多寡,也就是這瓶酒喝起來整體的感受是強烈還是清淡,這也是與食物搭配的重要因素。簡單說就是濃郁的食物搭配濃郁的酒,清淡的食物搭配清淡的酒。

比方說,以一瓶清淡、未經過橡木桶發酵的夏多內白酒搭配細緻清爽的嫩煎干貝,清新的果香可以讓多汁的干貝更為鮮嫩。但是經過橡木桶發酵的夏多內,因為含有大量橡木桶單寧的渾厚酒體和壓倒性的香味,勢必會讓干貝原本滑嫩多汁的美味,變成如同嚼蠟的乾澀、無味。

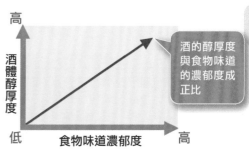

酒的醇厚度與食物味道的濃郁度成正比

從食物的綜合口味評估

菜餚的變化很多，儘管知道了「紅酒配紅肉、白酒配白肉」，也了解食物和酒的濃厚或輕薄，接著，還必須從食物的烹調口味做評估。

選酒前先大致評估菜餚主要屬於酸、甜、苦、鹹的哪種組合，以及將會呈現出的主要口感。例如，以檸檬汁或是醋調味的菜餚，可能會有明顯的酸味，這時候挑選的酒最好帶有較強烈的酸味。像是充滿番茄酸味的義式菜餚，可能要選擇酸味強勁的義大利紅葡萄品種山吉歐維列（Sangiovese）或是內比歐露（Nebbiolo）來搭配，否則會讓不帶酸味的酒類型容易顯得遲鈍、缺乏活力；同樣的道理，若是總體口味偏向甜味，那麼略帶甜味的酒喝起來才不會平淡乏味。

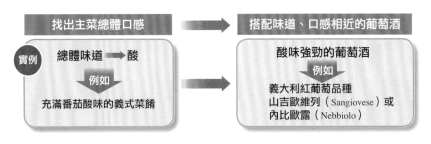

 對比原則

德國、法國的索甸和阿爾薩斯都生產美味的甜葡萄酒，甜酒通常不容易與很多食物搭配，因為濃膩的甜味容易產生飽足感或壓抑其他食物的滋味。除了直接當甜點或是搭甜點外，其實與鹹味重的食物倒是異常的適合。這種強烈的對比最著名的例子像是，極甜的索甸貴腐酒與又臭（另一種香）又鹹的藍黴起司，這種濃郁的甜和厚重的鹹卻是公認的絕配。另一款鹹味重的佩科利諾羅馬諾（Pecorino Romano）起司，也非常適合與甜酒搭配。

甜 索甸貴腐酒 ←→ **鹹** 藍黴起司

 貴腐甜酒與藍黴起司除了鹽與甜的對比關係外，這個神妙的組合或許可以說是一種異中求同的例子，兩者都有極度濃稠、經過黴菌侵襲後的特殊香味。有沒有其他類似的組合？充滿好奇心的讀者們，試試看，貴腐酒與臭豆腐。

各類型葡萄酒與餐點搭配的順序

隨著開胃菜、主菜、甜點不同的上菜順序，配合不同的食物特性，搭配不同的葡萄酒，才能使食物與酒的搭配和諧，也更能體會酒與食物結合的妙處。另外，一定要提醒，酒與食物的搭配，絕對不要太吹毛求疵，餐廳未必有足夠豐富的藏酒量來滿足你的需求，廚師的烹調口味也未必與你的認知相似，過分的追求絕對、完美會喪失許多冒險的樂趣，本身就不是完美。

適合與開胃菜搭配的酒

不同的開胃菜有不同的滋味，卻有同樣的目的刺激食慾。針對這個特點，挑選清爽、帶有酸味的酒來喚醒胃對食物的渴望。所以不甜略帶酸味的類型，或是香檳、Fino雪莉都很適合。

> 開胃菜 → 刺激食慾
> 適合
> 清爽、帶有酸味的酒

 例
- **不甜、略帶酸味的類型：不帶甜味的麗詩鈴白酒**
- **香檳**
- **Fino雪莉**

適合與主菜搭配的酒

選擇搭配主菜的酒時，可依循上述基本法則以及個人偏好選擇適合的酒類。像是吃清蒸石斑時，清淡、富含果香的白酒都很適合；若是碳烤牛排，有適量單寧的紅酒都會是不錯選擇。

> 挑選搭配主菜的酒考量基本原則
> - **白酒搭配白肉** ・**紅酒搭配紅肉**
> - **對等原則** ・**食物口味**
> - **個人偏好**
> 參見P218

例
主菜 ➡ 清蒸石斑
配酒 ➡ 清淡、富含果香的白酒

適合與甜點搭配的酒

適合與甜點搭配的酒本身必須與甜點的甜味匹敵，才不至於讓甜點的甜味壓制酒味，讓酒嚐起來淡而無味。因此，帶有甜味的貴腐酒、冰酒、雪莉酒、波特酒由於甜度夠，能與甜點做適當的搭配。

搭配甜點的酒要能與甜點的甜味匹配，也就是酒與食物的味道要能平衡。

甜點　　　帶有甜味的酒，如貴腐酒、冰酒、雪莉酒、波特酒…

 INFO

適合多數餐點的香檳

汽泡酒、特別是法國的香檳，豐富的香味、活潑的酸度以及略帶刺激感的精緻汽泡，在大部分的狀況下可以貫穿開胃、主菜到甜點。在不知如何挑選，而預算允許的情況，香檳通常會是好選擇。

（側邊標籤）基本原則　最適食物　起司　殺手食物　最適組合　選酒　點酒

與葡萄酒最合適的食物

葡萄酒層次豐富、複雜多變的口感，與食物巧妙搭配時，除了食物的風味更為突出外，酒的口感也會更加舒暢。以下的食物非常容易找對適合搭配的葡萄酒，弄清楚他們與葡萄酒對味的原因，會讓整個品嘗過程生色不少。

與葡萄酒最搭的七種食物

魚子醬、鵝肝醬、火腿、生蠔、魚類、家禽、牛肉這七類食物都能很容易找到契合的葡萄酒，以下說明食物的特性與適合搭配的葡萄酒：

魚子醬

如果以葡萄酒搭配海鮮類的魚子醬，以能消除海鮮腥味的白酒最為適合，挑選時以未經橡木桶陳年（單寧量少）、不帶甜味、果香味為主的白葡萄酒最能與魚子醬搭配，又不至於搶走白酒細緻幽微的口感，例如：夏布利（Chablis）白酒。

當然帶有爽口酸味、馥郁水果香、不帶甜味（brut）的香檳毫無疑問地是極度奢華夢幻組合，想像在享受圓圓小小的球狀魚子在舌尖綻破的快感之後，接著小彈力球的香檳汽泡在口腔跳動，類似而不同的口感，可以讓口腔的感受更豐富，而香檳滿滿的水果香氣和爽口的酸味，消除了魚子醬的腥味，也彰顯魚子醬的鮮美。

白肉
魚子醬 →搭配→

白酒
如夏布利白酒
・未經橡木桶陳年→單寧少
・不帶甜味
・以果香為主

香檳
・爽口的酸味
・馥郁水果香
・細緻的汽泡

→結果→

・可消除魚子醬的腥味
・豐富的花香、果香襯托出魚子醬的鮮味
・香檳充滿彈力的汽泡與顆粒的魚子在口中交融出特殊的口感。

2 鵝肝醬

鵝肝醬軟軟油嫩的口感和豐腴的味道，最適合貴腐酒的甜膩滑潤。兩種滑潤黏稠的口感相遇，有種說不出的細緻與綿密，而貴腐酒的濃郁香味與鵝肝醬的厚實滋味正是相得益彰。波爾多地區的傳統搭配是索甸及巴薩克（Sauternes & Barsac）的貴腐甜酒；事實上阿爾薩斯的遲摘酒（Vendanges Tardives）或是粒選貴腐酒（Sélection de Grains Nobles）也是很棒的選擇，特別是以格烏茲塔明那葡萄所釀造的酒，獨特甜美的荔枝、玫瑰香味，搭配起來別有風味。

鵝肝醬		貴腐甜酒		結果	滑潤黏稠的口感結合，創造出細膩與綿密的絕美搭配。
· 軟滑油嫩的口感 · 厚實豐腴的味道	➕	· 甜膩滑潤的口感 · 飽滿濃郁的香氣	➡		

3 火腿

火腿通常是指經過鹽漬、煙燻和乾燥處理的成豬後腿肉，屬於油脂含量中等，肉質細緻的白肉類型，但是加工處理後，通常口味較為厚重。低單寧，多果香的類型的紅酒可以適合大多數的火腿。像是薄酒萊，或是新世界的黑皮諾，不但沒有過多的單寧，讓口感變乾澀，卻有更豐厚的氣味來搭配火腿結實的口味。

大多數的火腿都帶有甜味，也可以考慮略帶甜味的德國麗詩鈴、阿爾薩斯的灰皮諾白酒，甜甜的白酒可以讓鹹中帶甜的火腿滋味更加誘人；也可以嘗試一樣帶有甜味清淡型的Fino雪莉酒。

火腿	適合搭配	低單寧且多果香的紅酒、薄酒萊、新世界的黑皮諾	略有甜味的白酒，例如：	清淡型的Fino雪莉酒
為油脂含量中等，肉質細緻的白肉。	➡	沒有過多的單寧，讓口感變乾澀，卻有更豐厚的氣味來搭配火腿結實的口味。	· 略帶甜味的德國麗詩鈴 · 阿爾薩斯的灰皮諾 讓鹹中帶甜的火腿滋味更明顯飽滿。	讓鹹中帶甜的口感更加誘人。

生蠔

滑潤可口的生蠔，屬於白肉類的海鮮，以白肉配白酒的基本原則與對等原則來看，清爽的生蠔最適合搭配帶有酸味、果香明顯的白酒。基本上只要不是以橡木桶發酵的不甜白酒，清爽型的香檳都可以帶引出生蠔獨特的甘美。如果要講究些，擁有海水鹹鹹的口感和一點礦石、金屬風味的生蠔與夏布利特殊的礦石、豐盈果香最速配，兩者相似卻又不盡同的優美礦石風味，可以讓口感有更多層次的回味。

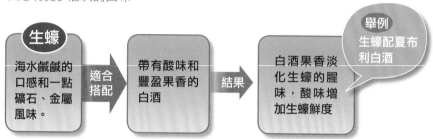

魚類

屬於白肉類的魚類基本上和不甜的白酒都適合。這是因為白酒中的有機酸可以讓魚肉更鮮甜，果香可以淡化海鮮的腥味。不過，同樣屬於魚類，各種魚類的油脂豐富度、肉質細膩度、口味厚重度也不同。因此在挑選搭配的酒時，可以再以對等原則替魚類挑選。如味道愈重的魚通常油脂也較豐富可以伴隨口感較濃郁的酒，像是油脂多的鮪魚嚐起來口感濃郁，因此可以搭配酒體厚重一點的白酒，例如高成熟的夏多內白酒；肉質細膩的魚類則油脂較少，像是肉質細緻的鱒魚，和纖細優雅的德國白酒很適合。

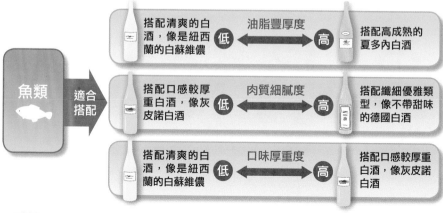

6 家禽

家禽可以分成兩大類，味道清淡，白肉類型的雞肉、火雞、珠雞，以及腥羶味較強，紅肉類型的鴨子、鵝等水禽。前者的味道淡雅，與不帶甜味，香味較豐富類型的白酒搭配，像是勃根地的白酒；果香濃郁、單寧清淡的紅酒也很適合，像是黑皮諾、梅洛都可以嘗試。藉由豐盈的果香引出肉質的鮮美，也沒有過多的單寧讓口感感到乾澀。

水禽，特別是味道更重的野鴨，依據對比原則也可以嘗試口味較重的紅酒，例如：希哈，不至於讓食物的氣味壓倒酒香，也減少過於強烈的腥羶氣味。

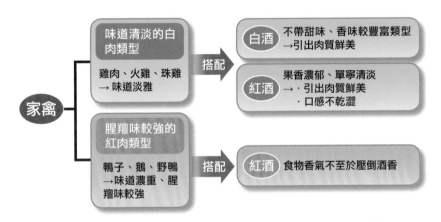

6 牛肉

香味厚實、油汁飽滿的牛肉和濃郁的卡本內‧蘇維儂、希哈等最適合。除了依據對比原則，兩者同樣濃厚的風味可以匹配外，這兩款酒都有厚重的單寧，牛肉豐富的油花，可以降低單寧的澀味，單寧也可以減少油膩度，肉質呈現更為鮮嫩的口感，無論是燉煮、燒烤都很棒。其他的類型的紅酒基本上都可以搭配。

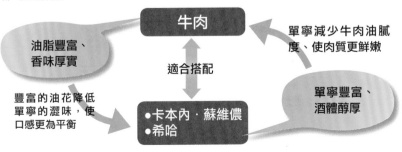

起司與葡萄酒的絕妙搭配

起司被公認是最適合與葡萄酒搭配的食物。無論是喝口酒之後再吃起司，感受起司的乳香味更為動人；或是先吃過起司後，體會酒中的單寧轉變得更加圓潤，都會讓人由衷升起人生真是美好的感動。起司的類型、口味和葡萄酒一樣複雜，也因如此，各具特色的起司才能與種類繁多的葡萄酒相遇時，相互彰顯優點，在味覺上有相合的完美演出。

與葡萄酒最搭的四種起司

起司和葡萄酒一樣種類多樣，美食家對於起司與葡萄酒搭配的看法，和起司種類一樣複雜。簡短的篇幅內絕對無法將所有的起司網羅進來，為了方便閱讀，在此將起司簡單分為四種，幫助大家容易找到適合的葡萄酒。

新鮮無硬殼類起司

這類起司發酵時間很短，甚至於不經過發酵，有軟軟半固體的外觀，沒有白黴外殼，擁有清新的奶香味，口感上十分滑潤綿密。這類起司合適與清爽、沒有經過橡木桶發酵的年輕白酒搭配，像是簡單的波爾多白酒，或是不帶甜味的麗詩鈴；或是玫瑰紅、低單寧的紅酒，像是薄酒萊。

起司	口感		適搭酒款
奶油起司 （Cream cheese）	如同濃縮奶油濃與滑軟。	白酒	未經橡木桶發酵的年輕白酒，像是榭密雍、麗詩鈴、夏多內。
		紅酒	低單寧的年輕紅酒、像是黑皮諾。
摩托羅拉 （Mozzarella）	軟中帶點韌性的纖維狀。	白酒	未經橡木桶發酵的年輕白酒，像是榭密雍、麗詩鈴、夏多內。
		紅酒	低單寧的年輕紅酒、像是薄酒萊。
里柯塔 （Ricotta）	濃稠的半液狀，夾雜蛋白質顆粒。	白酒	未經橡木桶發酵的年輕白酒，像是榭密雍、麗詩鈴、夏多內。
		紅酒	低單寧的年輕紅酒、像是薄酒萊。

軟質起司

軟質起司外觀上可區分為有明顯的白色、紅棕色的外殼兩種，內含柔軟的黃色起司，有類似奶油般的濃郁奶香。白黴外殼的起司成熟度較低，高度濃縮的奶香味，適合與白酒搭配，也可搭配清淡型的紅酒，濃濃的奶香遇上葡萄酒的果香，不但豐富彼此的味道，果香也會降低奶香的濃膩感。紅棕色外殼的起司，外殼通常經過葡萄酒或鹽水擦拭，成熟度較高，風味更為複雜強烈，可能有堅果、水果、奶油或泥土的氣味。除了和起司同產地的酒搭配外，也可以和黑皮諾、甚至於年輕但風味強勁的希哈、黑格納西食用，感受單寧讓乳香更為奔放的口感。

起司	口感		適搭酒款
布里（Brie）	滑嫩的口感和濃郁的奶油香氣。	白酒	醇厚度高、不甜的勃根地白酒、隆河谷地的白酒。
		紅酒	低單寧的年輕紅酒。
卡門貝爾（Camembert）	奶油般滑嫩口感和香氣，並有點青草的氣息。	白酒	不甜的白蘇維儂。
		紅酒	低單寧的年輕紅酒。
蒙斯特起司（Munster）	奶油般的質的，特殊的柑橘類香味。	白酒	同產的阿爾薩斯的白酒，例如格烏茲塔明那，微甜的麗詩鈴。
		紅酒	低單寧的年輕紅酒。
顧比起司（Gubbeen）	半固體狀，散發檸檬和堅果的香味。	白酒	味道強烈，白酒較不適合。
		紅酒	黑皮諾、年輕的卡本內‧蘇維儂。

基本原則
最適食物
起司
殺手食物
最適組合
選酒
點酒

③ 硬質起司

質地硬實的起司類型如曼徹哥、巧達起司，堅硬略帶彈性的口感，風味十分複雜，耐人尋味，深厚的香味在經過咀嚼之後釋放出來，強烈的風味搭配的葡萄酒類型以厚實的紅酒或是強化酒較適合，讓兩種強烈味道在口中交融，風味更加清晰有勁。

起司		口感	適搭酒款	
曼徹哥 （Manchego）		充滿彈性的半固體狀，鹹鹹的堅果風味。	白酒	甜白酒
			紅酒	希哈紅酒、黑格納西紅酒
			強化酒	fino雪莉
巧達 （Cheddar）		堅果的香味，和辛辣的餘韻。	白酒	白蘇維儂、貴腐甜酒
			紅酒	隆河谷地紅酒
			強化酒	oloroso雪莉、Tawny波特酒

④ 藍黴起司

藍黴起司是利用青黴菌產生特殊風味的起司，在起司的切面上，可以觀察到藍綠色的青黴，具有濃厚，侵略性十足的味道，通常鹹味也相當重。藍黴起司最有名的是法國的羅揆福特（Roquefort）、英國的斯蒂爾頓（Stilton）、味道都很強烈，這種由藍黴菌產生的特殊風味可以在同樣由黴菌侵襲的貴腐甜酒中找到相似的的氣味，加上甜與鹹的對比，因此兩者異常相配。或與強勁的紅酒類型搭配，酒的風采才不至於被壓抑。

巴伐利亞藍黴起司（Bavarian）風味清淡，比較接近軟質起司的卡門貝爾（Camembert），微甜或不甜的麗詩鈴較適合。

起司		口感	適搭酒款	
巴伐利亞藍黴 （Bavarian）		柔軟的奶油口感和香氣，藍黴的氣味淡薄。	白酒	微甜或不甜的麗詩鈴
			紅酒	低單寧的年輕紅酒。
			強化酒	年分波特酒
羅揆福特 （Roquefort）		質地鬆散，強勁的侵略性氣味，混合堅果、檸檬、葡萄乾等風味。味道相當鹹。	白酒	貴腐甜酒
			紅酒	隆河的新教皇紅酒
			強化酒	年分波特酒
斯蒂爾頓 （Stilton）		質地結實，除了強烈的侵略性氣味外，有滿滿的堅果、水果的香味。	白酒	貴腐甜酒
			紅酒	波爾多紅酒
			強化酒	年分波特酒

葡萄酒殺手食物

儘管葡萄酒滿適合佐餐，但有些食物酒就不適合和葡萄酒搭配，像是很酸、味道過於強烈的食物，在搭配上都會比較難。遇到這些食物時，不要責怪自己沒有天分，不會搭配。放輕鬆，改喝啤酒吧。

難以搭配葡萄酒的食物

下列的食物都因自身的味道而難以找到適合搭配的葡萄酒。

1 醋

醋的酸度遠遠強過葡萄酒，因此與以醋為調味主角的食物，如沙拉常用的油醋醬，這種尖銳的強酸會讓葡萄酒喝起來平淡無味，風味盡失。

2 番茄

許多含有大量番茄的菜餚都很難配酒，像是充滿番茄醬的披薩。番茄含有的酸味會搶走酒的味道，讓酒中讓人感到活力十足的酸味受到壓抑，整瓶酒將呈現呆滯的口感。義大利托斯卡納（Tuscana）這一類酸味較強烈的紅酒是少數可以搭配的葡萄酒。

3 花生

適合搭配烈酒的花生，其實並不適合葡萄酒。香味強烈的花生會改變你對酒的味覺，容易讓酒的香味和口感將會顯得平淡無奇。

4 蛋

大多數以蛋為主角的菜餚都不容易與酒搭配，特別是柔軟半熟的蛋黃，蛋和酒的結合會產生強烈的硫化物氣味，宛如吞進一顆發臭的雞蛋。

5 大蒜

大蒜的強烈氣味與葡萄酒相遇容易產生硫化物的氣味，和上述蛋的道理相同，將產生難以忍受的怪味，無論是生大蒜或是煮過的大蒜，搭配上的困難度都很高。

6 辛辣香料

辛香料的東方菜色搭配，有兩派説法。有些專家會建議搭配希哈、格烏茲塔明那這類帶有辛香風格的酒；有些專家會直接説，「都不適合」。

説實在，又麻又熱的舌頭喝葡萄酒，別糟蹋錢了，冰啤酒可能適合一些。

7 巧克力

巧克力的香味和口感都非常強烈，會讓大部分的酒顯得單薄、口味盡失，搭配上的難度較高。甜度高的巧克力可以搭配貴腐甜酒，甜度較低的巧克力，可以搭配義大利皮蒙區這類香氣足、而適度的酸味和甜味的汽泡酒；若是紅酒，則梅洛之類酸度不要太高且略有年分的紅酒成功機會比較高。

8 蘆筍

蘆筍特殊而強烈的風味很難和大部分的酒合作，大部分的酒遇上了蘆筍，很容易產生奇怪的金屬味。來自阿爾薩斯香味濃郁的灰皮諾或是蜜思嘉，香味豐富，酸度不高是少數可以搭配的類型。

9 橄欖

橄欖的風味也很強烈，會嚴重影響酒的風味，吃完橄欖後不容易體會酒的味道。因此琴酒（Gin）擁有強烈乾爽的杜松香味比葡萄酒適合，或是也可以選擇強化酒的類型較為強烈酒體比較可以撐得住橄欖的味道。

10 生菜

有不少生菜容易和酒產生帶有土味的青澀味道，像是萵苣、高麗菜等。啤酒會適合些。

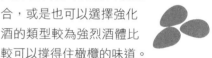

INFO　沙拉要配什麼酒？

沙拉的種類遠比我們一般人想像中的多，例如有以起司、水果或是以海鮮為主的沙拉，在搭配時，可以依據沙拉的類型做挑選。像是海鮮沙拉，選擇果香豐富，帶酸味不甜的白酒應該很容易搭配。

在挑選時也需留意沙拉醬所使用的醬汁，醬汁影響味覺很大，如果是以醋調味的酸味醬汁，高度的酸味可能會讓許多酒失色；以生菜為主的沙拉，因自身的蔬菜的味道，容易和葡萄酒產生不悅的土味，因此不適合配葡萄酒。

快速找出餐點與葡萄酒的最適組合

以下基本搭配原則，是從主菜的選擇開始，進階到烹調的方式，和加上不同的佐料總總的變化，協助讀者們一步一步地選擇適合搭配的葡萄酒。讀者們面對各種菜餚時，可以依據這幾個步驟思考，運用之前提到的基本原則，選擇一瓶適當的酒。

基本搭配原則

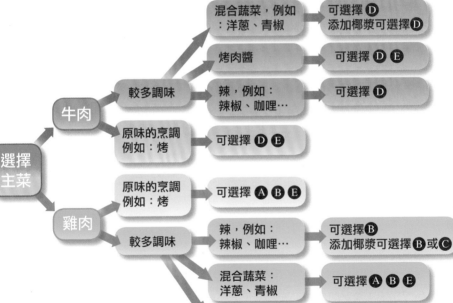

選擇主菜

- 牛肉
  - 較多調味
    - 混合蔬菜，例如：洋蔥、青椒 → 可選擇 D　添加椰漿可選擇 D
    - 烤肉醬 → 可選擇 D E
    - 辣，例如：辣椒、咖哩… → 可選擇 D
  - 原味的烹調　例如：烤 → 可選擇 D E
- 雞肉
  - 原味的烹調　例如：烤 → 可選擇 A B E
  - 較多調味
    - 辣，例如：辣椒、咖哩… → 可選擇 B　添加椰漿可選擇 B 或 C
    - 混合蔬菜：洋蔥、青椒 → 可選擇 A B E
    - 辛香，例如：香茅、薑 → 添加椰漿可選擇 A B

- **A** 不甜或是微甜白酒
- **B** 香味濃郁型白酒，例如：麗詩鈴、格烏茲塔明那、白蘇維農、灰皮諾……
- **C** 橡木桶發酵的白酒，例如：橡木桶發酵的夏多內
- **D** 高單寧紅酒類型，例如：卡本內‧蘇維農、內比歐露、希哈、山吉歐維列……
- **E** 低單寧紅酒類型，例如：黑皮諾、梅洛、金芬黛

選酒的兩種判斷順序

有人說，葡萄酒和食物的搭配可以比喻為酒與菜的結婚。兩者的結合最好能互相彰顯，在搭配時應考慮主從之別，必須選定酒是主角、還是菜是主角？當以菜餚為主角，接著選擇酒時，葡萄酒要能夠彰顯菜的特色，就算是理想搭配，倒不需要一定是什麼稀世珍釀才適合佐餐。

如果以酒為主角時，選擇的葡萄酒品質通常不會太差，通常也比較有特色，此時，就要特別小心，不要讓食物的味道破壞酒的味道。所以在選擇佐餐的食物時，建議儘量表現食物的原味，不要有過多的調味品，以免複雜了口腔的感受，影響酒的品嚐。

 ## 以餐點為主，選擇合適葡萄酒

以餐點為主時，請先掌握餐點的風味特性，影響風味的關鍵在於食材、烹飪方法、搭配的佐料。

 ### 確認餐點主要食材

為讓菜餚和葡萄酒的搭配有完美的演出，在搭配菜色的考量上，主要食材的特色是第一個考量的重點。比方說牛肉，肉質的纖維明顯、肉味濃郁，而且油脂豐富，依照對等原則，在挑選葡萄酒時，必須考慮有豐富的單寧來軟化肉質和去除油膩，香味上也不能太單薄而被牛肉的香味壓制下去。所以含有較多單寧而且稍微具有厚重感的紅酒都很適合。希哈、卡本內‧蘇維儂、內比歐露、田帕拉尼優……等品種都很適合。

清淡、少油脂的雞肉為主要食材時，要避免過多的單寧讓肉質乾澀，更需要避免酒的厚重味道壓制雞肉的清甜。基本上未經過橡木桶陳年的不甜白酒都可以搭配，像是夏多內、麗詩鈴、榭密雍都可以嘗試。

肉類特色		主要食材	建議搭配酒款	搭配效果
紅肉	・油脂較多 ・肉質纖維較粗大 ・肉味較強烈	牛肉	希哈、卡本內・蘇維儂、內比歐露、田帕拉尼優……	軟化肉質、去除油脂、香味不至於被牛肉香味壓制。
		鴨肉	波爾多紅酒、梅洛	鴨肉的氣味較重，但是油脂適度。所以口感豐富，但是單寧較柔和的酒類可以襯托出鴨肉的美味。
		羊肉	波爾多紅酒、梅洛	羊肉的氣味較重，需要香氣足、油脂不至於過肥，酒體適中的酒。
白肉	・油脂較少 ・肉質細緻 ・肉味清淡	油脂較多的魚類，如鮭魚	高成熟的夏多內白酒	肉質味道較豐富，需要較豐厚酒體的白酒搭襯。
		油脂較少的魚類，如鱒魚	不甜的德國白酒或是紐西蘭的白蘇維儂	肉質味道較細緻，需要較清淡的酒體搭襯，才不至於被壓制。
		生蠔	未經過橡木桶的夏布利白酒，或其他清爽類型的白酒。	與夏布利酒兩者都有礦石的氣味，口感豐富而協調。而白酒的果香，更可以淡化腥味。
		小牛肉	清爽淡雅的紅酒，像是黑皮諾。	兩者的氣味口感都細緻優雅，很有和諧感。
		雞肉	未經過橡木桶陳年，充滿果香類的白酒，如白皮諾。	可以烘托雞肉的細膩感，和增加鮮甜。
		豬肉	未經過橡木桶陳年，充滿果香類的白酒，如白皮諾。	豬肉很適合與水果搭配，特別是蘋果，果香味豐富的白酒也很適合，可以增加肉質的鮮甜感。

基本原則

最適食物

起司

殺手食物

最適組合

選酒

點酒

從餐點的烹飪方法挑選

除了餐點的主要食材外，也需考量食材的烹調方法對食物口感與滋味的影響。

例如，若主食材為牛肉，且又以長時間燉煮的方式料理，牛肉纖維會顯得柔軟、香味上顯得圓潤、口感上也較不油膩，那麼，搭配的紅酒單寧可以稍淡一些，否則受到單寧的影響，肉質會偏澀。這時候同樣來自波爾多的紅酒，梅洛比例高的聖愛美儂、玻美侯可能比梅多克或是加州、澳洲的100％卡本內‧蘇維儂合適。

若是牛肉以快炒的方式處理，擁有較豐富的油脂口感，這時可以挑選單寧較豐富的紅酒來去油解膩，如加州、澳洲的100％卡本內‧蘇維儂較為合適。

如果主食是屬於白肉類的蝦仁，且以清燙的方式處理，呈現蝦仁的爽口與鮮甜，建議挑選的葡萄酒則最好選清淡幽雅的白酒，才能相得益彰，如紐西蘭白蘇維儂。但若蝦仁以熱炒的方式處理，則會多一份濃郁香味，依照對等原則，則需挑選口感較濃郁的白酒才有足夠的風味搭配，如灰皮諾。

照烹飪方式挑選適合的佐餐酒

烹調方式		蒸、煮	炒、炸
味道濃	紅肉	酒體醇厚度中度、單寧較柔和的紅酒；例如：梅洛、金粉黛。	酒體醇厚度高、單寧豐厚的紅酒；例如：馬爾貝克、希哈、內比歐露。
	白肉	香味濃郁、酒體醇厚度中等的白酒；例如：榭密雍。	香味濃郁、酒體醇厚度高的白酒；例如：灰皮諾。
味道淺	紅肉	酒體醇厚度清淡、低單寧的紅酒；例如：黑皮諾、佳美。	酒體醇厚度清淡至中度、低單寧的紅酒；例如：梅洛、金粉黛。
	白肉	清淡型的年輕白酒；例如：年輕的麗詩鈴、白蘇維儂。	酒體醇厚度輕度到中度的年輕白酒；例如：白皮諾、榭密雍。
油脂豐富	紅肉	酒體醇厚度中度、單寧較柔和的紅酒；例如：梅洛、金粉黛。	酒體醇厚度高、單寧豐厚的紅酒；例如：馬爾貝克、希哈、內比歐露。
	白肉	香味濃郁、酒體醇厚度中等的白酒；例如：榭密雍。	香味濃郁、酒體醇厚度高的白酒；例如：灰皮諾。
油脂較少	紅肉	酒體醇厚度清淡、低單寧的紅酒；例如：黑皮諾、佳美。	酒體醇厚度清淡至中度、低單寧的紅酒；例如：梅洛、金粉黛。
	白肉	清淡型的年輕白酒；例如：年輕的麗詩玲、白蘇維儂。	酒體醇厚度輕度到中度的年輕白酒；例如：白皮諾、榭密雍。

從搭配的佐料挑選

佐料可以讓食物有酸、辣、濃、淡種種不同滋味，也都會影響到酒的搭配。這時候除了考慮主要食材的特質、烹飪方法外，再依據佐料做進一步的考量，會更完整。

俄羅斯名菜奶油炒牛肉（Beef Stroganoff），是以洋蔥、蘑菇、牛肉以奶油翻炒，配菜是奶油飯和酸奶油醬汁，牛肉加上奶油可見香味濃、油又厚，為了襯托出香醇奶香足的口感，適合搭配的葡萄酒為單寧厚重、香味又足的紅酒，希哈、內比歐露這類單寧厚重，香味又足的葡萄酒才支撐得住。

而白肉類的鮭魚若是添加了黑胡椒當佐料，則會增添辣味，因此挑選的葡萄酒為略帶有辛香的白酒，氣味上最能夠有協調的美感，如格烏茲塔明那的香料辛香，或是白蘇維儂的濃郁綠色草香最配得上。

照佐料挑選適合的佐餐酒

佐料方式	酸	辣	濃	淡
紅肉	酸度高的紅酒，例如山吉歐維列、內比歐露。	帶有辛香味的紅酒，例如希哈。	口感較濃郁的紅酒，馬耳貝克、希哈、卡本內‧蘇維儂。	較清淡型的紅酒，例如黑皮諾、佳美。
白肉	酸度高的白酒，例如不甜的麗詩玲，榭密雍。	帶有辛香味的白酒，例如格烏茲塔明那。	高成熟度的夏多內、灰皮諾。	較清淡型的白酒，例如清爽型的麗絲鈴、白蘇維儂。

靈活的搭配方式

有時，食物本身會因為烹調的方式，在口味上非常複雜，當食材、烹飪方式、佐料使得三種原則互相衝突，而形成選酒的難度時，這時候需要想像食物最核心的味道是什麼？例如，龍蝦搭配奶油沾醬，依照前面所提的確認主菜食材及佐料方式來看，應該選擇醇度厚、單寧較高的白酒。

從佐料來看，奶油的確潤澤了海鮮的乾澀，但是在選酒上必須考量選擇醇度厚、單寧較高的白酒所帶來的口感，雖然單寧可以清除油膩感、但是容易強化海鮮的腥味。由於龍蝦才是這道菜的主角，而充滿鐵腥味的龍蝦應該不是受到歡迎的感官感受。這時候為了搭配奶油的香濃，所以香味足、醇厚度高而單寧低的白酒類型應該是較適合的選擇，如灰皮諾、白蘇維儂或是成熟度較高的麗詩鈴會比較適合。

當以酒為主時，也就是酒的品項已經被決定，這時候餐點必須要依據酒的特性、選擇適合的食材、烹飪方法，讓酒的美味充分表現。

Step 1 決定酒的主要風味

既然是以葡萄酒為主角，當然要先了解酒本身的特性。葡萄品種決定了酒的基本特性，在還不熟悉各產區酒的特色時，可以先掌握葡萄品種以了解葡萄酒的基本風味，例如紅酒中的希哈和卡本內‧蘇維儂，其單寧和風味都較為濃重；黑皮諾和內比歐露酸味較明顯。而白酒中，麗詩鈴和榭密雍酸味較明顯；白蘇維儂和格烏茲塔明那香味剽悍。所以可以先以品種為基準，再考慮到各產區的特色，例如：炎熱的區域，酒的醇厚度通常較高。

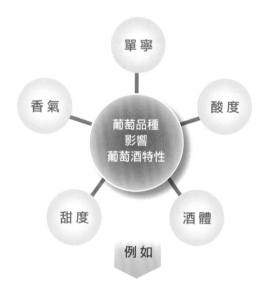

紅酒	
‧單寧豐富	➡ 希哈
‧酒體厚重	➡ 卡本內‧蘇維儂
‧酸味明顯	➡ 黑皮諾
‧果香明顯	➡ 內比歐露

白酒	
‧酸味明顯	➡ 麗詩鈴
‧香味優雅	➡ 榭密雍
‧香味剽悍	➡ 白蘇維儂
‧酸度低	➡ 格烏茲塔明那

Step 2 選擇合適的餐點

已經了解酒的種種特性，例如，單寧多寡、酸度強弱、香味飽滿與否等因素，確認了酒的主要風味後，即可量身挑選適合的食物。在挑選時，掌握一個原則，就是葡萄酒和食物之間要能互相平衡搭配，不能互相壓制過對方的味道，這樣的搭配才算和諧。例如，當主角是酸味高、單寧低，香味豐富卻不強烈，風味以優雅見長的黑皮諾時，如果要選擇搭配牛肉時，細緻的小牛肉（Veal）當然會比肉味濃郁的後腿肉（Round Beef）適合。

而夏布利產區的夏多內白酒擁有優雅的礦石風味，和略帶石灰與飽含海水鹹味的生蠔一起搭配，由於類似卻又不盡相同的風味，有更豐富的層次感，就是有說不出的美妙。但是要特別注意，經過橡木桶陳年的頂級酒莊（Grand Cru）的夏布利白酒，有較濃厚的單寧，會讓生蠔的腥味更明顯，那就不太適合了。

白酒

年輕 ｜ 口味清淡
適搭油脂少、味道較清淡的白肉，如干貝、螃蟹…。

例：白蘇維儂白酒+嫩煎干貝

採用對等原則，兩者都很清淡。

成熟 ｜ 口味清重
適搭油脂多、味道較重的白肉，如炒蝦仁、鮭魚。

例：灰皮諾白酒+快炒蝦仁

採用對等原則，兩者都較濃郁。

紅酒

年輕 ｜ 口味清淡
適搭油花少，纖維細緻的紅肉，如牛肉的腰內肉部位。

例：單寧較輕薄的梅洛紅酒+牛肉腰內肉

成熟 ｜ 口味清重
適搭油脂多、味道較重的紅肉，如野鴨、牛肉…。

例：酒體扎實、口感豐厚的卡本內‧蘇維儂紅酒+肉香油濃肋眼牛排

已經依據酒的特性，挑選了適合的餐點，雖然錯誤的組合機會已經降低很多，但是最好多加留意烹飪方法，免得因為烹飪方法的差異，導致餐點的風味完全不同，而前功盡棄。例如，牛肉固然容易和葡萄酒搭配，黑胡椒和牛肉搭配也是好吃的菜色組合，但是在搭配酒上面就困難很多了。如果某道菜上有大量的黑胡椒調味，由於帶有辛辣的口感，容易搶走葡萄酒的味道，一般的紅酒較不容易搭配上，除非今天的主角是帶有特殊辛辣香味的隆河谷地希哈。

INFO 開了卻沒喝完的葡萄酒要怎麼辦？

酒沒喝完是很頭痛的問題，最簡單的做法是將軟木塞再塞回去，把酒放進冰箱冷藏。對味覺稍微敏感些的人，很容易發現隔天味道已經有明顯的差異。

現在市面上有販售真空器，可以將空氣抽出，或是填入氮氣，降低酒質氧化程度，延長已開瓶酒的保存時間。

以清淡、低單寧的紅酒搭配海鮮，是流行的**趨勢**，也是許多品酒師、美食家的推薦。然而，還是有不少人會感受到所謂低單寧的紅酒，依然會強化海鮮的腥味。所以一定要提醒大家，味覺是極度私人的感受，所有專家的建議都只能參考。當你的味覺感覺不對勁，對你而言就是錯誤的組合。

如何在餐廳成功點酒

高檔餐廳酒單上的葡萄酒可能和你一點都不熟，服務人員的眼神好像在打量你的能耐。沒關係，有些小技巧可以幫助你選對酒。另外，還有一些應該要知道的餐飲禮儀同時告訴你。

簡單點酒的方法

酒單上密密麻麻的法文、義大利文，都不是平常大家比較熟悉的英文，加上複雜的產區、酒莊、品種等資訊硬是讓人記不起來，也搞不清楚，點酒真的很麻煩。

不要心煩氣燥，靜下心來，依據下列的簡單步驟，絕對讓你輕鬆點酒。

1 挑選餐廳指定酒（House Wine）

餐廳的經理人和主廚通常會認真地挑選兩支酒，一支紅酒、一支白酒當做餐廳的"House Wine"（餐廳指定酒）。House Wine的入選標準有三點：價格必須具有親和力、口味大眾化、還要可以搭配餐廳大部分的菜色。所以，在極度困惑，不知所措的時候，House Wine是考慮的標的之一。

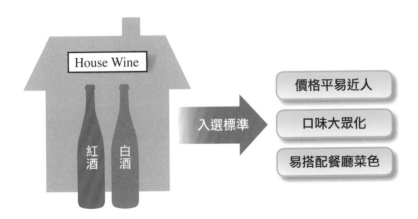

與餐點的價位相對關係

在專業的菜單和酒單的設計上，考慮的面向很多，像是價位的分布，以及酒與菜色相互之間的搭配⋯⋯。

因此，在看到菜單和酒單時，可以快速將菜色大致分成上、中、下不同的價位帶。若是挑選菜色大致落在中價位地帶，那麼酒的挑選上也可以在這個區域內做選擇，縮小選擇範圍。

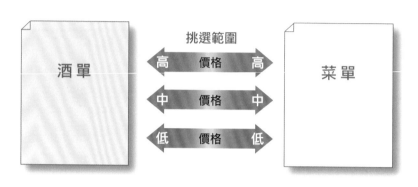

 ## 請服務人員協助點酒

當你實在不知道該如何挑選時，不要太慌張，優雅地招手，請服務員協助。你可告訴服務員今天點的菜餚，大致說明自己的偏好，例如「我的朋友對酸味比較敏感，所以不要太酸的酒」。高檔餐廳的工作人員都受過訓練，絕對會幫你找到適合的酒。

或許此刻你心中會想，若不是在高檔餐應該怎麼辦？不是正式的餐廳，藏酒絕對不會太豐富，就輕鬆挑個酒，不要太要求了。

主人試酒的流程

生活中總有請人吃飯或成為座上賓的時候。當宴請的地點在較正式的餐廳，而你是請客的主人或主要被招待的對象，都有機會負責點酒。這時，你將會經歷點酒、確認酒的外觀與標籤、檢查軟木塞的狀況和試酒的程序。

Step 1 點酒

除了上述的點酒技巧之外，要注意，點酒這一項任務，通常是主人（出錢的人）的分內工作，或是主人推讓給主客（主要招待對象）來執行。其餘的人，除非大家推讓後，眾望所歸。不然，請不要隨便自告奮勇點酒。

葡萄酒通常不是太便宜的飲料，當接受主人邀請代為點酒時，也要觀察主人的預算可能會在哪一個範圍內，不要冒冒失失地點一瓶天價的稀世珍釀，讓主人對你永生難忘。

Step 2 確認酒瓶的外觀與標籤

在點完酒之後，服務員會將酒瓶拿出來請點酒者過目，一方面是讓消費者看見酒的外觀完整，表示酒的存放環境良好。另一方面是同一家酒莊可能有不同的等級或是葡萄園，價格有天

壤之別，但是標籤上幾乎是一模一樣，必須讓消費者再確認。比方說，加州大廠Robert Mondavi，在酒標上若有標示出精選系列（標籤上會有小小的reserve字樣），價格可能會高上許多，需要請消費者仔細確認。

Step 3 檢查軟木塞的狀況

確認所點的酒正確無誤之後,服務人員應該在當場開酒,免得有換廉價酒的嫌疑。在開酒之後,服務人員會將旋下來的軟木塞交給點酒人做確認。

這個確認的動作,主要是檢察軟木塞,進而推測酒質的狀況。酒的存放過程,軟木塞應該是浸泡在酒液之中,所以軟木塞應該是潮濕而有彈性。所以請將拿到手的軟木塞輕輕捏幾下,若是顯得乾枯堅硬,這表示酒的品質堪慮,在待會試酒的時候要特別留意。

Step 4 試酒

接下來,服務人員會進行斟酒,一開始並不會為每一位客人都斟滿,只會為點酒的人倒上約一兩小口的量,讓客人確認品賞。

當試酒的人表示滿意後,服務人員才會繼續服務下去。若是酒有問題,也可以請服務人員更換。

Step 5 斟酒

這時候進入真正的斟酒時刻，服務人員會先為點酒者（主人）的逆時鐘下一位客人開始斟起，也就是點酒者右手邊的客人。在正式的餐會上這個座位是主客的位置，服務人員的優先服務也是幫主人招待，表示敬重的意思，最後才會為主人倒上酒。

INFO　軟木塞的祕密

軟木塞如果手感十分堅硬，呈現乾縮的狀況，表示葡萄酒在存放的過程中，軟木塞沒有浸泡到酒，過多的空氣有可能已經讓酒氧化；若是軟木塞已經腐敗，有異味，那麼酒也會受到雜菌的感染或吸收軟木塞的怪味，也不適合喝了。

基本原則

最適食物

起司

殺手食物

最適組合

選酒

點酒

WINE
第 7 篇
CHAPTER 7

🍇 進階之路

雖然葡萄酒品酒專家非一夕可養成，還必須要透過大量閱讀
酒書、不斷地用心品嚐、與同好多聊天，鑑賞能力才會在日
積月累中不斷增進，對葡萄酒才有更多更深的認識。
但若是想要更快地進入這個領域，則可以參加一些課程或是
品酒會，在專家的帶領以及同儕的互動環境下，加速體驗葡
萄酒幽微的滋味。

● 本篇教你

- 葡萄酒專業訓練

- 國際重要葡萄酒賽事

- 選擇品酒會的重點

- 聽懂常見的描述術語

成為專業的葡萄酒師要經歷哪些過程？

葡萄酒雖然在台灣已經風行很長的一段時間，但是似乎還是停留在「流行」、「時尚」的階段，而沒有融入生活成為日常飲食文化的一部分。

或許是國內並沒有專業的葡萄酒訓練課程和認證制度，在少了專業認證制度的環境，國人對於葡萄酒總是聽得多，懂得少。

歐美、日本等葡萄酒先進國家，則是很清楚地將葡萄酒的專業分為葡萄酒釀酒師和葡萄酒侍酒師兩大區塊。

釀酒師的必學知識

每一瓶珍貴美妙的葡萄酒除了需有適度地糖分、酸味、單寧……等相關成分的好品質葡萄當做釀造原料外，其餘的釀造技術、技巧影響了葡萄酒的風味。風味的呈現與釀酒師獨特的品味與努力息息相關。因此，葡萄酒釀造師必須接受所有有助於釀造葡萄酒的知識，包括了葡萄種植學、食品發酵學、釀酒學等一連串的專業訓練。

① 葡萄種植學

葡萄酒基本上是一種農產品，必須要經過春耕、秋收的農村四季循環。葡萄品種繁多，除了品種本身風味上的差異，種植條件和技術也使收成的葡萄品質有很大的不同。好的釀酒師知道如何運用這些天然以及人為的生長環境因素，進而影響葡萄的品質，例如，單一葡萄樹產量的多寡會影響葡萄的產出品質，因此控制適當產量才能夠種植出符合釀酒師心目中期望的葡萄品質，進而釀出好的葡萄酒。

從種植方式做控制

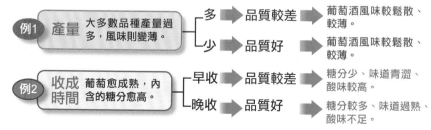

2 食品發酵學

這是微生物學的領域，主要是研究不同的微生物在食品發酵過程中扮演的角色。由於葡萄酒的釀造過程，主要是不同的酵母菌菌種在不同的發酵過程中，對於葡萄酒品質所產生的決定性的影響。例如，釀酒師為了達到較清新的的酸味，不使用乳酸發酵；或是為了有較圓潤的酸味，而進行乳酸發酵。因此須掌握葡萄酒發酵的過程，了解發酵學，可協助自身能預期添加酵母菌的發酵結果與品質，進而釀造出符合自身期待的葡萄酒。

發酵

添加母菌

不同酵母菌種的不同發酵過程關係著葡萄酒的酸味和香味的變化。

橡木桶

3 釀酒學

這是更進一步了解釀酒的過程。除了品種的認識、酵母菌的作用外，還有釀酒設備、不同品種之間如何調配相互混合，更要控制發酵的環境來得到想要的成果。各優秀的釀酒師不僅得具備科學的準確性，還必須具有藝術的創意與天賦。

| ◉ 認識葡萄品種
◉ 了解酵母菌在發酵過程的作用 | 人為控制 | ◉ 釀酒設備
◉ 不同葡萄品種混合調配
◉ 控制發酵環境 | 得到想要的釀酒效果 |

INFO 進入釀酒學校需具備什麼基本條件

國內並沒有針對葡萄酒設計的專業釀酒課程，想要攻讀這方面的課程，唯有出國留學這條路。釀酒學大部分屬於大學課程，與一般的出國留學過程同，主要必須考量語言能力與學費、生活費的問題。

高中畢業以上 ➡ 語文檢定 ➡ 申請學校 ➡ 申請簽證 ➡ 出國

葡萄酒侍酒師的必學知識

葡萄酒侍酒師（Sommelier）通常服務於高檔的飯店或餐廳，工作包括：擬定酒單、訓練員工以及幫助客人選酒……。因此，他必須掌握葡萄酒的基礎知識，理解食材、烹飪特色以及餐飲禮儀等，熟悉掌握了上述的必學知識才能勝任侍酒師的工作。

 ## 1 葡萄酒基礎

屬於基礎課程，也就是對於葡萄酒品種、釀造、產區、法規……的認識。可以說是大架構的認識葡萄酒，是日後深入課程研習的基石。

葡萄酒基礎知識

葡萄品種

釀造方式 　 法規

葡萄產區

 ## 2 食物基礎

侍酒師很重要的工作項目是與大廚合作，為大廚的精心傑作尋找出適合的葡萄酒。因此必須熟知食材特性、烹調特色，才有可能挑選出中規中矩或是別出心裁的搭檔。當然，若是對於飲食的歷史、文化有更深刻的了解，自然會有更具內涵的搭配。

3 餐飲禮儀

協助客人點酒也是侍酒師的重要工作之一,選酒的過程不僅必須擅於搭配酒與食物,亦需要透過合宜的言語與肢體,了解客戶的需求,向顧客說明搭配的目的。如能熟知客戶心理、服務技巧與餐桌禮儀,必能提升顧客整體用餐與品質的愉悅感。

餐飲禮儀需具備要件

- 熟知客戶心理
- 服務技巧
- 餐桌禮儀

→ 透過合宜肢體和語言

→ 讓顧客了解搭配目的

INFO 進入葡萄酒侍酒師訓練學校需具備什麼基本條件

國內目前沒有葡萄酒師的專業證照,因此也必須如同釀酒師出國深造,例如北美的侍酒師公會(International Sommelier Guild;ISG)的課程。若不是為了取得國際專業證照,國內有不少大學的觀光相關科系開設有葡萄酒的基礎課程,或是品酒會可以學習相關知識。

專業訓練課程

挑選品酒會

認識品酒會

藝術上傑出的繪畫、音樂、文章,通常不是很容易親近,有些葡萄酒的美妙也需要經過說明點破之後,才有頓悟的驚喜。在品酒會中,主講人專業的帶領,會友們的互動,以及有系統地品嚐美酒,往往會有這樣的效果,是初學者可以快速進階的好方法。

挑選品酒會的七個訣竅

由於葡萄酒的成本高,品酒會多需付費,價格在數百元～上萬元不等。而大部分的品酒會背後可能隱含著推薦、試喝、促銷⋯⋯等刺激購買或是穩固品牌忠誠的目的。因此,在參加之前可先就主辦單位、主講人、場地、性質、主題性、費用等因素判斷。預計參加的品酒會是不是符合自己目前的學習進度和經濟狀況,才能既經濟又有效率地學習。

主辦單位

品酒會中可以品嚐的品項以及學習的重點會與主辦單位擁有的資源和舉辦目的有關。比方說,代理商舉辦的品酒會可能會以自家代理的品牌為主;某國或是某區域的葡萄酒協會舉辦的品酒會就會以特定的產區為主。

主講人

主講人是品酒會的靈魂人物,因此主講人的學經歷等背景將是挑選品酒會的重點。例如,想要了解葡萄酒的服務技巧與菜色搭配,有完整餐飲經歷的主講人,較可能性展現更豐富、更扎實的內容。

由於網路的盛行,許多主講人都設有自己的部落格,或是在許多討論區被討論。閱讀這些資訊,可以協助判斷主講人是否符合自己的需求。

場地

通常品酒會場地有兩種,一種是在代理商的品酒教室,另一種是租用飯店場地。代理商的品酒教室會因為不同的公司經營的理念差異,而有不同的品質,一般來說比較適合進行單純的品酒會。不過受限於場地,在與美食的搭配上,特別是一些精緻大菜,較容易受到限制。租用飯店場地則適合做葡萄酒與美食搭配的餐會,會比較方便飲酒與用餐,幫助了解兩者間的奧祕關係;如果選擇的場地是強調浪漫情趣的餐廳,在昏黃的光線下,對觀察酒色上較為吃力。

性質

有些品酒會是長時間、有計畫品嚐一系列的酒；有些品酒會促銷的意味較濃厚；有些則適合有經驗的葡萄酒老饕；有些是適合初學者。參加前詢問主辦單位，可以避免去錯場子。當然，去錯了也不會有甚麼太大不了的問題，只是有些尷尬、或是失望。

5 主題性

有計畫地參加特定主題的品酒會，很能夠幫助初學者進入狀況。比方説先參加以隆河產區為主題的品酒會，當然對於隆河地區的酒會有較深刻的印象；而在下次參加阿爾薩斯的品酒會，或許就可以在這一南一北的法國兩大產區中，更能體會到氣候與葡萄酒風味的關係。

 費用

不同性質的品酒會有著不同的收費標準。例如，在五星級飯店吃大餐、品名酒，當然和一般的品酒會所收的費用大不相同。先衡量自己的荷包，再想想這類型的品酒會是否適合自己目前的學習階段，再來考慮如何運用有限的金錢，做對自己最有幫助的投資。

INFO

垂直品酒會（Vertical tasting）與水平品酒會（Horizontal tasting）

這兩種品酒會常常聽到，所謂的垂直品酒會是指選用同一個酒莊的同一個酒款，但是多種年分，可以充分體會不同年分差異性。

水平品酒會則可能是相同品種，但是不同產區，做產區比較；或是同一個產區不同酒廠，做各酒廠特色比較。水平品酒會葡萄酒的特性上差異很大，很容易體會出其中不同的特色，也較常舉辦，較適合初學者參與。

附錄

知名的品酒會

主辦單位	說明	聯絡網站	附註
法國食品協會	推廣法國飲食文化的機構,經常與飯店或是代理商合作,推出各種品酒會。	http://www.bonjourclub.com.tw/	依品酒會類型或合作對象而不同。
品醇客	國際性的雜誌,舉辦一系列產區和其他的品酒活動。	http://www.decanter-chinese.com.tw/	無
圓頂市集	著名的食材進口公司,經常有初階的品酒課程。	http://www.lamarche.com.tw/	無
英卓美食網	高知名度的美食與葡萄酒媒體及活動顧問公司。除了參加品酒會,也可以為公司行號量身上課。	http://www.enjoygourmet.com/	無
大同亞瑟頓	葡萄代理商,每個月都會有不同的品酒會舉辦。	http://www.wine.com.tw/	經常有高檔的課程,當然費用也相對高檔。
文化大學推廣教育部	不定期與不同的講師開設課程。	http://www.sce.pccu.edu.tw/	課程種類非常多,要花點時間蒐尋。

國內外知名的葡萄酒網站

名稱	語言	網址	說明
法國食品協會	中文	http://www.bonjour-club.com.tw	網站內除了葡萄酒的資訊外、還有其他法國美食的介紹，以及品酒會的訊息。
德國葡萄酒協會	·德文 ·英文	http://www.deutschewe-ine.de	可以連結到分布在美國、日本等各國的分會網站。 網站中的照片和德國酒一樣的通透細緻。 另外有德國酒的研習課程資訊。
加州餐酒協會	英文	http://www.wineinsti-tute.org	各種加州酒的統計資料非常豐富。 有興趣到美國進修葡萄酒課程的人，可以在此找到許多授課資訊。
Marques de Riscal酒莊	·西班牙文 ·英文 ·日文 ·簡體中文	http://www.marques-deriscal.com	這是西班牙葡萄酒莊的網站，該酒莊聘請古根漢美術館建築大師Frank Gehry打造非常前衛的旅館，如果你喜歡美酒和建築，非來逛逛不可。
國際葡萄酒競賽（IWC）	英文	http://www.international-alwinechallenge.com/	得獎名單的搜尋就在首頁，很方便。
國際葡萄酒與烈酒競賽（IWSC）	英文	http://www.iwsc.net/	對於評審的過程有非常詳細的資料，搜尋的設計很方便，在網站裡可以很容易找到得獎的葡萄酒名單。
義大利葡萄酒暨烈酒展（Vinitaly）	·義大利文 ·英文	http://www.vinitaly.com	可以找到展場的訊息和賽事的結果。
葡萄酒暨烈酒展（Vinexpo）	·法文 ·英文	http://www.vinexpo.fr/fr/index/	除了展場的資訊，還有葡萄酒各種市場的統計和預測。
The wine doctor.com	英文	http://www.thewined-octor.com/	很豐富的網站，有推薦、評分、品嚐、食物搭配以及各產區的法規、品種……非常詳盡的訊息。

附錄

名稱	語言	網址	說明
Dominus Winery酒莊	英文	http://www.dominuses-tate.com	這是加州赫赫有名的Dominus酒莊網站，也是建築的朝聖地之一。網站內有相關影片可以觀看。
VINOGRAPHY：a wine blog	英文	http://vinography.com/	舊金山的愛酒人士經營的人氣部落格，除了酒的知識還有個人精彩的餐點與葡萄酒經驗。
jamie goode's blog	英文	http://wineanorak.com/blog.htm	英語系知名品酒作家部落格，內容豐富精彩。
Wine Tasting, Vineyards, in France	英文	http://wineterroirs.com/	一個法國攝影師旅遊世界酒鄉的文字與相片記錄。
The wine pros-archive	英文	http://winepros.com.au	兩位知名澳洲品酒專家的網站，澳洲葡萄酒的資訊很豐富。
Yilan美食生活玩家	中文	http://www.yilan.com.tw	美食家葉怡蘭的網站，除了美食的介紹也有許多葡萄酒資訊。
www.yusen.idv.tw	中文	http://www.yusen.idv.tw	葡萄酒知名作家林裕森的個人網站。
網路廚房	中文	http://www.kitchens.com.tw/wine/	有人物專訪、釀酒知識、品種、品酒、新聞…非常豐富的葡萄酒訊息。
Denis之飲男食女-葡萄酒私房話	中文	http://blog.yam.com/user/denis.html	葡萄酒作家Denis部落格，有很多個人的品酒經驗分享。
澳洲品酒筆記	中文	http://allpass.tw/	這是針對澳洲葡萄酒的部落格，對澳洲葡萄酒有興趣的朋友值得去逛逛。

國內外知名的葡萄酒刊物

名稱	語言	特色
Gabero Rosso	・義大利 ・英文	這是權威的義大利酒購買指南，對於個別酒莊和個別年分都有詳盡的說明。 評鑑標準是以酒杯數量表示，從沒有酒杯到最高可以得到三個酒杯。
Hugh Johnson Pocket wine book	英文	老字號Hugh Johnson每年出版很方便攜帶的口袋書，內容詳盡。無論是品種、食物搭配、專業術語、各國各產區酒莊……，都可以找到資訊。 評鑑時以四顆星為最高標準。
Parker's Wine Buyer's Guide	英文	這是葡萄酒王國中的國王Robert Parker的工具書，以滿分100計算，雖然，許多評酒專家對於這種計分方式非常不以為然，但是每次評分結果都會影響美國和其他地區葡萄酒的銷售量。
Michael Broadbent's Vintage Wine	英文	曾經擔任佳士得（Christie's）拍賣公司葡萄酒龍頭元老級的評酒專家，對於產區特色的描述特別詳盡。
The wine spectator	英文	很有影響力的英語雜誌，經常有各式各樣的排行榜，是許多消費者的主要購買指南。
Wine advocate	英文	這是上述的酒國大老Robert Parker主辦的雜誌，當然，評分所造成的廣大影響力，讓許多酒廠又愛又恨。
品醇客（Decanter）	有國際中文版	介紹葡萄酒和烈酒的雙月刊，因為是國際中文版，會有國內品酒會的訊息。

附錄

國內外大學開設葡萄酒相關課程

學校名稱	開設系所	課程名稱
國立高雄餐旅學院	餐飲管理系	葡萄酒認識
銘傳大學	生物科技學系	葡萄酒專論
銘傳大學	餐旅管理學系	葡萄酒專論
景文科技大學	餐飲管理系	葡萄酒入門
台灣觀光學院	餐飲管理學系	葡萄酒研究分析
南台科技大學	餐飲管理系	葡萄酒評鑑
大仁科技大學	餐飲管理系	葡萄酒與烈酒管理
萬能科技大學	觀光與休閒事業管理系	葡萄酒入門

◎ 資料來源來自各校系所網路課程規畫表

國際上知名的葡萄酒專業學校與學習機構

國別	位置	機構名稱	附註
法國	Suze La Rousse	葡萄酒大學（Universite du Vin）	隆河地區的著名大學。
英國	倫敦	葡萄酒與烈酒教育聯合會（Wine & Spirit Education Trust）Wine & Spirit Education Trust	在全酒39個國家開設有各種葡萄酒與烈酒的相關課程。
德國	Mainz	German Wine Academy	德國葡萄酒協會的附屬機構，推廣的性質強過於專業的專研。有品賞德國酒、美食、暢遊莊園的課程。

國別	位置	機構名稱	附註
美國	加州	加州大學Davis分校（University of California - Davis）	開課系所：葡萄種植與釀酒學系（Department of Viticulture & Enology）
美國	加州	加州州立大學Fresno分校（California State University of, Fresno）	開課系所：葡萄種植與釀酒學系（Department of Viticulture & Enology）
美國	加州	美國烹飪學院（Culinary Institute of America）	課程包含品酒與實地參訪酒莊。
美國	紐約州	康乃爾大學	開課系所：農業和生命科學系
美國	紐約市	Executive Wine Seminars	針對醫生、律師等高所得族群開設的品酒、點酒課程。
美國	波士頓	波士頓大學伊利莎白葡萄酒中心（Boston University's Elizabeth Bishop Wine Resource Center）	有特別針對美國、澳洲、中南美洲等新世界葡萄酒產區的訓練課程。
美國	芝加哥	芝加哥葡萄酒學校（Chicago Wine School）	每年開設六次，為期五周的入門課程。
澳大利亞	阿德萊德	澳大利亞的阿德萊德大學（University of Adelaide）	農業、食品與葡萄酒學校（School of Agriculture, Food and Wine），學校還有一個不收門票的葡萄酒博物館。

國際侍酒師協會（The International Sommelier Guild）

是國際上最被認可的侍酒師訓練機構，也是北美地區唯一提供侍酒師專業證照機構。目前國際侍酒師協會在美國的20個州、加拿大的6個省、以及中國大陸有兩處提供專業課程。

國家圖書館出版品預行編目資料

第一次品葡萄酒就上手／許志鵬、易博士編
輯部—初版—台北市；易博士文化出版；城
邦文化發行，2009〔民98〕
面；公分—（easy hobbies系列；23）
ISBN 978-986-6434-01-3　（平裝）
1. 葡萄酒 2. 製酒 3. 酒業 4. 品酒

463.814　　　　　　　　　　98005046

Easy hobbies **23**

第一次品葡萄酒就上手

作　　　者／許志鵬、易博士編輯部
企 畫 提 案／蕭麗媛
企 畫 執 行／魏珮丞
企 畫 總 監／蕭麗媛

業 務 經 理／羅越華
副 主　　編／魏珮丞
總 編　　輯／蕭麗媛
發 行　　人／何飛鵬
出　　　版／易博士文化
　　　　　　城邦文化事業股份有限公司
　　　　　　台北市中山區民生東路二段141號8樓
　　　　　　電話：(02) 2500-7008　傳真：(02) 2502-7676
　　　　　　E-mail：ct_easybooks@hmg.com.tw
發　　　行／英屬蓋曼群島商家庭傳媒股份有限公司城邦分公司
　　　　　　台北市中山區民生東路二段141號2樓
　　　　　　書虫客服服務專線：(02)2500-7718、2500-7719
　　　　　　服務時間：週一至週五上午09:30-12:00；下午13:30-17:00
　　　　　　24小時傳真服務：(02) 2500-1990、2500-1991
　　　　　　讀者服務信箱：service@readingclub.com.tw
　　　　　　劃撥帳號：19863813
　　　　　　戶名：書虫股份有限公司
香港發行所／城邦（香港）出版集團有限公司
　　　　　　香港灣仔駱克道193號東超商業中心1樓
　　　　　　電話：(852) 2508-6231　傳真：(852) 2578-9337
　　　　　　E-mail：hkcite@biznetvigator.com
馬新發行所／城邦（馬新）出版集團【Cite (M) Sdn Bhd】
　　　　　　41, Jalan Radin Anum, Bandar Baru Sri Petaling,
　　　　　　57000 Kuala Lumpur, Malaysia.
　　　　　　電話：(603) 90578822　傳真：(603) 90576622
　　　　　　email:cite@cite.com.my
美 術 編 輯／蔡嘉慧
內 頁 插 畫／周可韻、孫永芳
特 約 攝 影／邱有德
封 面 設 計／易博士編輯部
封 面 構 成／黃鈺絢
封 面 插 畫／孫永芳

製 版 印 刷／凱林彩印股份有限公司

初版1刷／2009年04月28日
初版30刷／2017年03月30日
ISBN 978-986-6434-01-3

定價280元　HK$93